168 斯堪的纳维亚编织花样图典

168 斯堪的纳维亚编织花样图典

编织爱好者的工具书

（美）玛丽·简·马克尔斯通 著 王航 译

河南科学技术出版社
·郑州·

豫著许可备字-2015-A-00000020

图书在版编目（CIP）数据

168斯堪的纳维亚编织花样图典/（美）马克尔斯通著；王航译. —郑州：河南科学技术出版社，2015.3
ISBN 978-7-5349-7639-1

Ⅰ. ①1… Ⅱ. ①马… ②王… Ⅲ. ①绒线—编织—图集 Ⅳ. ①TS935.52-64

中国版本图书馆CIP数据核字（2015）第025591号

出版发行：河南科学技术出版社
地址：郑州市经五路66号
邮编：450002
电话：（0371）65737028
网址：www.hnstp.cn
责任编辑：冯　英
责任校对：李晓娅
封面设计：张　伟
责任印制：朱　飞
印　　刷：广东省博罗园洲勤达印务有限公司
经　　销：全国新华书店
幅面尺寸：222mm × 222mm
印　　张：13
字　　数：280千字
版　　次：2015年3月第1版
2015年3月第1次印刷
定　　价：40.00元

目录

前言

我的成长一直受着斯堪的纳维亚织物的影响。我的曾祖母是挪威人，虽然家里并没有人编织，但我们总穿着斯堪的纳维亚风格的毛衣，房间里还有许多其他针线作品。

在我的家乡西雅图，斯堪的纳维亚人很多，他们的影响无处不在。在学校的时候，班上满是穿着经典斯堪的纳维亚毛衣的同学：多种样式的挪威毛衣，颜色亮丽的格陵兰风格毛衣，点缀着星星的法那毛衣，还有没染色的冰岛传统毛衣。此外，我经常流连于西雅图那些迷人的商店，里面总会有引领潮流的现代斯堪的纳维亚风格设计；还有北欧传统博物馆，那里新旧设计风格都能看到。在为这本书编织样品时，我在花样中找到了许多从小就熟悉的纹样元素。

虽然把“斯堪的纳维亚”这个宏大主题塞进一本书里是不现实的，但我仍然尝试为读者提供漂亮、典型的花样，有一些非常古老，有一些则有非常明显的现代风格，因为斯堪的纳维亚设计总在演变。我希望读者可以借助这本书，设计、创作出自己的斯堪的纳维亚织物。

玛丽·简·马克尔斯通

关于本书

本书包含168种斯堪的纳维亚风格花样，是一本为编织爱好者准备的图典。每一个花样都富有灵感，书中的图谱简明易懂。无论读者想寻找、搭配不同的花样，或只想在织物上运用一种花样以突出重点，在本书中都能找到众多答案。

基础技法

在这一部分，我们会探索斯堪的纳维亚花样编织的基础技法，其中包括环形编织，浮线编织，暗口，以及如何在作品中选用花样。这部分会详细阐述有关技巧，使读者能有信心立即开始编织。

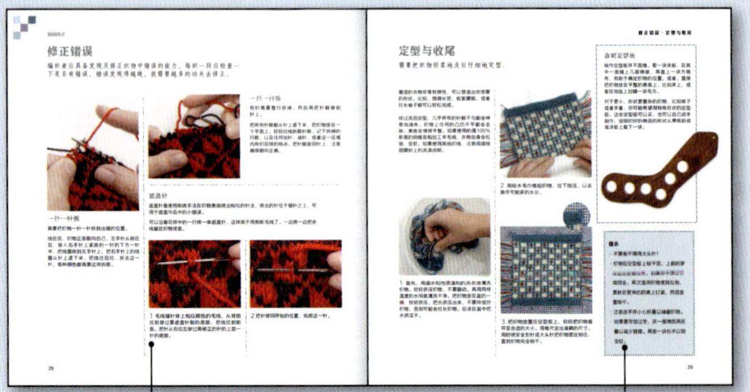

步骤说明及配图

提示框

文字说明

材料清单

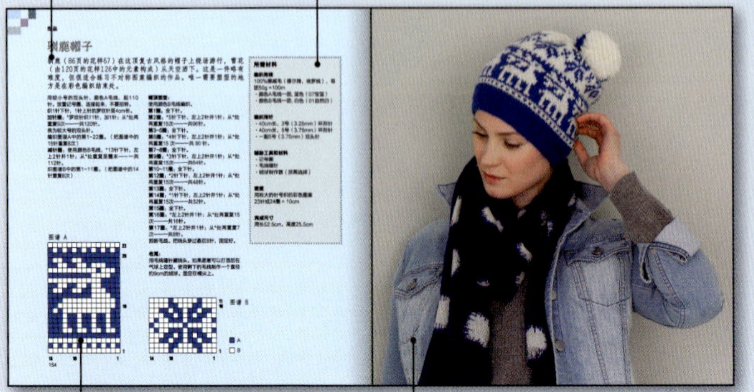

彩色图谱

风格展示

作品

本书中的花样可以以无数种方式组合、使用。这部分精心挑选了设计新颖的作品，都有详细的制作说明，以启发读者产生灵感，把这些花样用于自己的编织作品中。

花样索引

这部分彩色索引，把书中所有花样都以彩色图片的形式并排陈列，方便查找。翻阅这几页可以寻找灵感，选择自己的设计方案，然后翻到相应页面开始编织选定的花样。

花样图典

图典本身包括168个花样，每个花样都有与实物等大的高质量的照片及黑白图谱，基本都有彩色图谱，大部分附有颜色变换图谱。

基础技法

在这一部分，我们会探索斯堪的纳维亚花样编织的基础技法，其中包括环形编织，浮线编织，暗口，以及如何在作品中选用花样。

这部分会详细阐述有关技巧，使读者能有信心立即开始编织。

编织用线

斯堪的纳维亚彩色编织几乎可以使用任何线，不过看一下当地传统服装使用的羊毛线，我们会受到一些启发。

斯堪的纳维亚当地原有的绵羊品种是北欧短尾羊的后代。当地品种是驯养的野羊自然适应环境进化而来的。通过自然选择以及初步养殖，不同的品种开始发展繁育，例如古特羊，芬兰羊，以及斯潘洛羊。各羊群间具有地区差异，即使同一种类的羊也不尽相同，羊毛不仅仅由基因组成决定，其饮食规律、所处环境也会对其产生影响。

所有这些小巧、健壮的原始种群都具有双层毛：由一层粗糙、浓密的外层披毛和一层精细、柔软的里层绒毛组成，具有多种自然颜色。把两层毛分开，纺纱时按要求选用，可制成不同的线。羊毛天然的颜色混合在一起，形成许多不同的颜色，再加上当地的天然染料以及买来的染料，比如靛蓝色染料、红茜草色染料，使线的颜色更加丰富。

虽然现在卖的斯堪的纳维亚羊毛线大多取材于改良品种，但如今的毛线仍保留了原始毛线的一些特点，比如羊毛光滑，轻巧而有弹性，非常适合浮线编织。自然卷曲的毛线自然地固定住浮纱，而且在断线时不易脱线。精纺的毛线织出的线迹清晰，花样也显得很清楚。使用不同粗细的针会织出不同的效果：能密实得如梭织物的表面，也能松垮得有很多褶皱。

传统斯堪的纳维亚编织用线

把当地出产的毛线都展示出来，超出了本书范围，不过有一些特别有意思的毛线不妨在这里介绍一下。

芬兰羊毛

芬兰羊毛是一种可爱的、柔软的羊毛，因富含羊毛脂而显得特别温暖。丽希威拉，一家芬兰家族企业，细心挑选上佳羊毛生产出高质量的毛线。他们提供七种天然的深浅不一的毛线，以及一系列使用100%天然染料染色的毛线。线有两种规格，阿尔尼：中细线；玛赫南，细线。这种漂亮的毛线编织后会有淡淡的打卷的浮纱，很适合制作缩绒或者羊毛毡作品，洗的时候需要非常小心！

冰岛羊毛

冰岛绵羊是一千多年前由维京殖民者带到岛上的，这些年来基本没什么变化。它们都具有双层毛：一层较长的外层披毛，叫做“托格”，光滑防水；一层里毛，叫做“特尔”，纤细柔软，非常隔热。两层羊毛放在一起便生产出结实、保暖的高档毛线。

冰岛手工编织线为轻捻而成，有四种规格：艾邦，蕾丝线；莱特罗比，中细线；阿拉法斯罗比，普通线；粗罗比，粗线。此外还有浦鲁托罗比，一种单股无捻纱，以扁圆的“盘子”形式出售。虽然用起来需要格外小心，但织好后，毛线里的长纤维可以形成结实但又柔软的织物。如果编织时羊毛被扯断了，可以轻松地用唾液重新拼接起来。

其他毛线

任何种类的编织线都可以用于编织斯堪的纳维亚花样。注意毛线各自的特点，以及对花样的影响就可以了。

耐洗羊毛线

耐洗羊毛线经过高强度处理，可以用机器清洗甚至烘干。这种处理方法也令羊毛没那么扎人，所以可用于制作直接接触皮肤的织物。耐洗羊毛线有一点“滑”，似乎不太适合制作有暗口的织物，但其实并非如此——正是这些特性让耐洗羊毛线成为理想的斯堪的纳维亚编织用线。开暗口时注意加固，最好用缝纫机缝结实就可以了。

马海毛

马海毛是用安哥拉山羊毛制成的。羊毛格外长的纤维使得毛线耐用，有弹性，富有光泽。使用马海毛浮线编织可以令任何花样的轮廓变得柔和，因为长纤维会在织物表面形成一层又厚又长的打卷的浮纱。虽然这一点在花样编织时被当作缺点，不过可以用于编织有独特效果的织物。马海毛纤维与羊毛的感觉不一样，所以开暗口时推荐使用机缝。

安哥拉毛

安哥拉毛由安哥拉兔子的柔软绒毛制作而成。瑞典有名的博胡斯针织企业在开发优质的安哥拉兔毛混纺线上不遗余力。美妙的茸毛在花样间弥漫，让边缘模糊。安哥拉毛的记忆力不强，所以最好用于点缀或者要突出的部分。有些人因为安哥拉毛“跑线”而编织得非常困难。如果你对此比较敏感，可以使用安哥拉毛成分较低的混纺毛线。安哥拉毛非常隔热，所以非常保暖——加一点安哥拉毛效果就非常显著了。

棉线，亚麻线，及其他植物纤维

传统斯堪的纳维亚编织也使用棉线，有时候会和羊毛线浮线编织。当使用植物纤维时，注意编织线比较重，而且浮线编织时会让织物很有分量。由于多色编织时渡线基本上不会相互交错，所以推荐每隔几针就把渡线缠绕一下。植物纤维缺乏弹性，记忆力很弱，穿后会拉长。水洗、放置可以使它们恢复初始长度，只是在穿后又会变长！设计时注意纤维的固有性质，让这些特点成为作品的优势吧。

羊驼毛

羊驼在北美已有上千年的养殖历史，使用羊驼毛线编织是不错的选择。这种柔软、卷曲的纤维比羊毛略重。由于羊驼毛不含羊毛脂，所以很适合对羊毛过敏的人穿着。这种纤维是中空的，隔热，所以非常保暖。它比羊毛记忆力略低，有垂坠的趋势。当编织密度样品时要注意这点。把织片垂直悬挂一会儿，你就能大概知道织片在纵向上会变得有多长。不过，垂坠会让你的衣服看起来优雅而时尚，这也可以看作是一种优点。羊驼毛有一系列自然棕色，而且白色毛可以与染料结合染出亮丽的颜色。

花式线

花式线多种多样，尝试使用，会有时髦、新颖的效果。例如，一些不适合做衣服的人造毛毛线，在编织简洁、有画面感的毛毯时，效果反而特别好。闪亮的金银线会使传统花样充满生机，为老式的衣物带来现代感。像众多现代斯堪的纳维亚花样一样，大胆一些，勇敢一些吧！

线团腰封上的信息

线团的腰封上提供了毛线的各种信息。

· 商标 (1)
· 线名 (2)
· 线长 (3)
· 线重 (4)
· 推荐针号 (5)
· 颜色 (6)
· 色号 (7)
· 洗护说明 (8)

编织用针及其他工具

编织中有大量的材料和工具可供使用，从基础的工具，比如大概已经在你针线盒里的卷尺和剪刀，到一些可以提供方便的有用配件，应有尽有。这一部分将综述可以使用的工具。

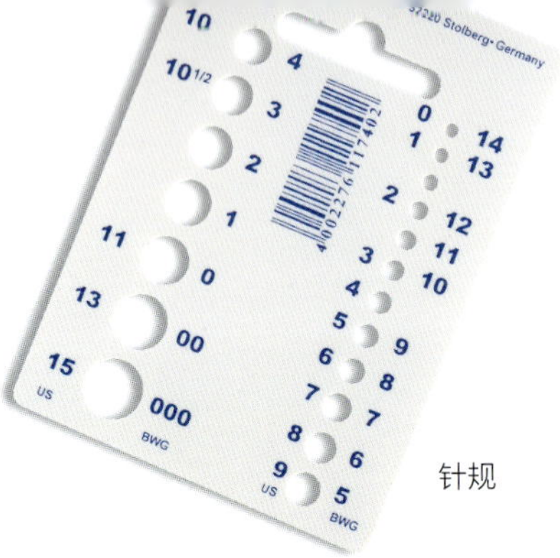

针规

编织用针

编织用针是你的一项投资，因为你会经常使用它们。如果细心保管，它们可以用上好些年；但是如果针头受损，或者针本身弯曲了，那就该扔掉买新针了。因为大部分的斯堪的纳维亚编织都是以环形织成，所以需要使用各种型号和长度的环形针和双头针。

环形针

环形针可以让你以环形编织，制作出无缝织物。编织时织物能放在大腿上，大腿有承重的作用，所以当使用有分量的粗线时环形针会很有帮助。

环形针有两个刚性的金属、塑料、木头或竹子针头，由一段塑料或尼龙线连接而成。可以完全按照个人喜好来选择针头的质地，不过针头与软线之间的连接处一定要圆滑。

和双头针一样，环形针也有不同的规格（针头直径）以适用于不同粗细的编织线。使用哪种规格取决于使用的编织线，以及编织密度。

环形针也有不同的长度，从30~150cm或者更长。使用的针的长度取决于编织作品的针数：通常毛衣需要的针数的长度一般是60~80cm，袖山和帽子需要的针数的长度一般约40cm。不过，环形针的长度一定要比作品的周长短一些。

双头针

如果你要织的作品周长小于40cm，应使用双头针。双头针通常适用于织小件的作品，比如手套，袜子，还有帽顶。双头针一般四根或五根成套使用。与环形针相似，双头针也可以环形编织，并可以改变编织方向。比如当织袜子足跟的转角时，双头针特别有用。一般双头针是钢质的，不过现在用铝、竹以及塑料制成的针也很常见。

其他工具

尽管有针和毛线就能编织了，不过一些小工具可以使编织更加顺利。挑选一些漂亮的小工具吧，能让你美美地用上好几年呢。

针规

不是所有的针都标有针号或尺寸，其中小号的那些看上去都很相似，令人烦恼。一件针规可以让你很方便地确定针的实际尺寸。在针规上有大大小小的洞来标示不同的尺寸：你只需把针放进洞中，找到最接近其直径的洞眼。

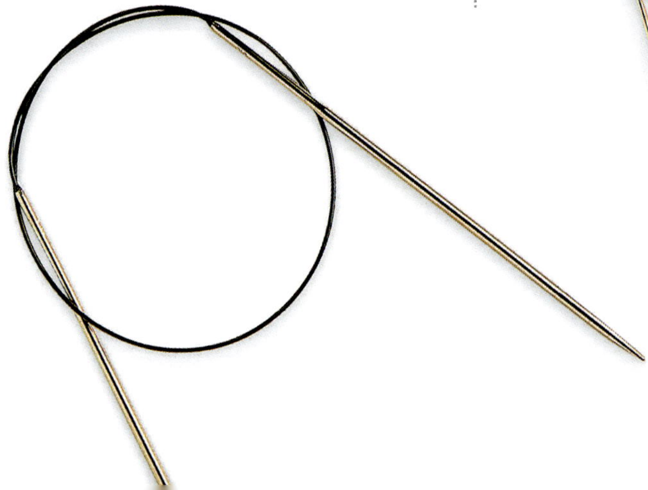

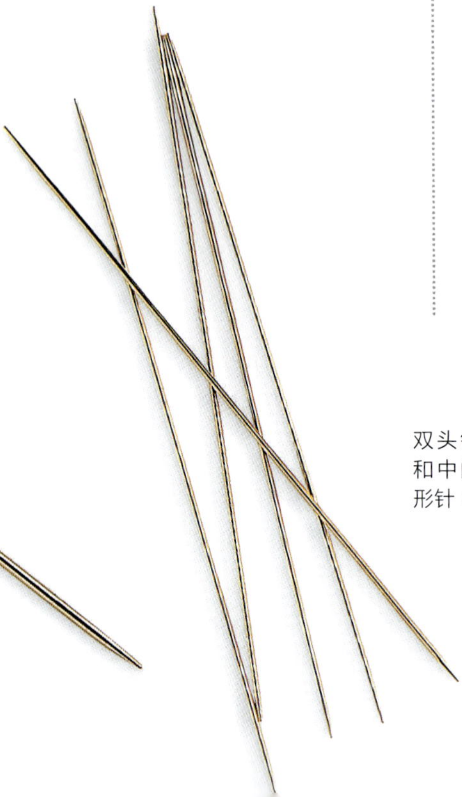

双头针（右边和中间）和环形针（左边）

记号圈

记号圈有各种各样的，看着让人心动。亮色塑料圈的大小与针的直径相近，标记重复的针法时非常有用。用不同的颜色标记一圈的开始。锁扣记号圈在纵向记数时很有用，比如在数圈数时。当用双头针编织时，锁扣记号圈也可以标记一圈的开始，而普通的记号圈则会滑脱。

剪刀

应使用尺寸小、锋利的剪刀来剪断毛线。千万不要试图用手扯断毛线——有些毛线非常结实，可能会弄伤手指。

卷尺

做衣服用的卷尺是编织爱好者的最佳选择。如果卷尺上既有英寸单位又有厘米单位就再好不过了。

毛线缝针

在收尾处理线头或把织物缝在一起时，需要使用钝头大眼针，即毛线缝针。它们也有不同的尺寸，适用于不同的毛线规格。

针脚固定器

针脚固定器使用方法与大号安全别针相似，可以固定住暗口边上的针脚，或者肩膀头上的针脚。

计行器

计行器可以帮助记录行数或者圈数，只要记住动一下计数装置就行。转筒型计行器适用于普通双头针；如果使用大号双头针或者环形针，则需要使用按压型计行器。

大头针

当测量尺寸或织物定型需要固定时，大头针都是你的最佳帮手，彩色的针头不会淹没在针脚中。

铅笔，笔记本，胶带

使用铅笔可以方便地在图样上记下符号，标出行数，以及随手记下调整的思路。笔记本则可用于记录新想法和灵感。带方格的小笔记本对于创作斯堪的纳维亚花样尤其有帮助。按照配色剪下小段的毛线，用胶带粘贴在图谱旁边，根据使用顺序排序。

定型辅助模子

虽然下列工具不常与编织工具联系起来，不过在手边时还是非常有用的：气球，用作帽子定型时的模子会很妙；直径23~28cm的餐盘可用作苏格兰便帽定型时的模子。

绒球制作器

绒球制作器是制作漂亮绒球的完美工具。

在图谱上标注编织位置的工具

便利贴、磁性尺以及透明塑料直尺——它们可以沿着图谱移动，能方便而准确地在图谱上显示出编织的轨迹。

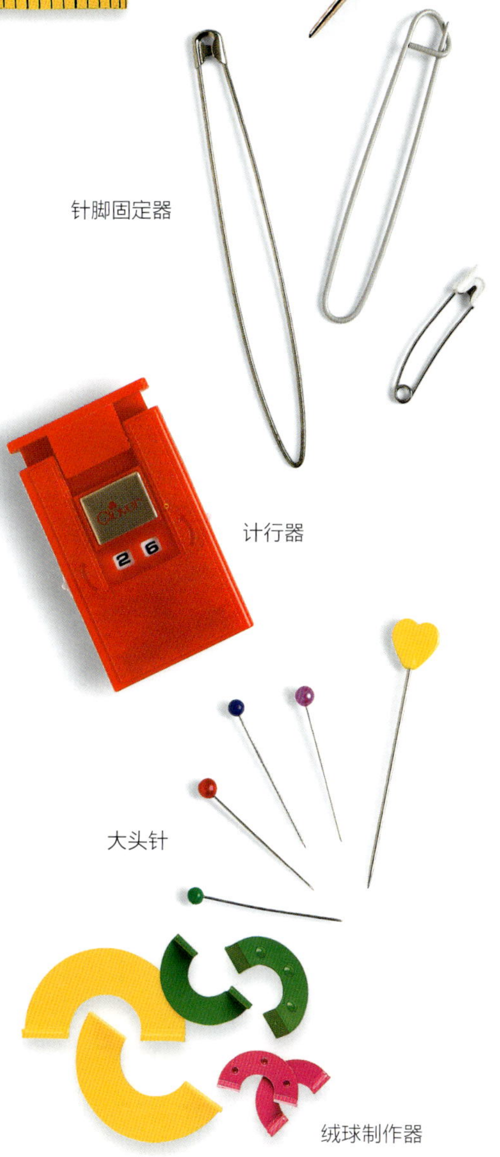

密度

在正式开始编织作品之前，织一个样品以测量密度是非常必要的。一件织物的密度是指其在特定的范围内——一般是边长10cm的正方形——的针数和行（或圈）数。

一件速织样品，采用与打算要织的作品相同的花样，显示了两端剪断的线。

无论是根据已有的花样编织，或设计自己的花样，都需要知道密度——首先，这能确保织物实际尺寸不会有偏差，然后，也可以计算织物所需的针数和圈数。

斯堪的纳维亚针织密度样品应按环形编织。理想情况下需要用环形针起长约40cm的针数。根据用线不同所起针数也会不同——一个粗略估计的方法是，把花样中每厘米预期的针数乘以40，或乘以一圈的长度（以厘米为单位）。如此编织的样品就不必剪下边长10cm的正方形再去测量密度了。继续环形编织斯堪的纳维亚花样，直到样品达到约12cm长，然后收尾，或者用余线穿过所有针脚固定住。

如果不想在样品上花那么多毛线和时间的话，可以用双头针编织，并减少针数。样品还需要从织片上剪下来，这样测量时才是平整的。这也是一个练习暗口技法的好机会。

速织样品

觉得时间不够吗？速织样品可以帮你偷梁换柱。

使用粗细与所选毛线匹配的双头针或者环形针，起一排针以编织一件尺寸宽松的样品——理想中作品的针脚的长度应达到12cm。如果根据说明编织，起针针数则应按照密度要求，再加上与2cm等长的针数。

按花样的针法开始编织。当织到一行末尾时，剪断所有毛线，把织片滑到右手方向的一端，然后再接上线，从这一端开始编织。这样一来织出的就只是每行长度的针脚，但是以一种类似环形编织的方式。

继续按此方法编织，直到织出一块边长约12cm的正方形织片，然后收针。

其他方法

不剪断毛线，而在毛线背面留出非常长的渡线穿过整个织片。然后需要剪断渡线以精确测量样品尺寸。

提示

可以使用罗纹针边或者全下针边，以防织片卷缩。

编织出适合需要的织物

改变编织用针的粗细会对编织物有影响：每厘米的针数、圈数越少，织物越宽松。与之相反，针数、圈数越多，织物越紧凑。在设计作品时，可使用不同型号的针来编织样品，帮助选择最适合织物的针。

测量样品

样品完成后需要洗一下后定型（见29页）。晾干以后，把样品放在硬实的平面上，如下图所示测量尺寸。

如果发现样品中的行数或针数比花样中的多，则密度过大，应换较大号的针。如果行数或针数比花样中的少，则需换较小号的针。

1 用直尺或卷尺在织片中间水平量出正好10cm的距离，如图所示。把两个大头针分别固定在两端，数出两个大头针之间的一行中的针数。

2 然后在垂直的10cm距离的两端固定上大头针，沿着垂直线上的针脚数出行数。

样品1 用精纺线、5号针（3.75mm）织成。织物密度为每5cm有10针或者10圈，织物松散，针脚宽大且两针间有可见的空隙。适合织床罩。

样品2 用精纺线、4号针（3.5mm）织成。织物密度为每5cm有12针或者12圈。这是毛衣的标准密度；针脚均匀，两针间没有空隙。织出的东西紧实而有弹性。

样品3 用精纺线、3号针（3.25mm）织成。织物密度为每5cm有14针或者14圈。此密度适合织普通手套或连指手套，织物密度大，针脚小。

起针

开始编织时，需要起一定的针数作为起头。以下是四种最通用的起针方法。

选择哪种起针方法取决于你想要的效果——有松紧性的还是紧实的，花哨的还是普通的。不同的起针方法会得出不同的结果，适合不同的用途。有时候起针需要特别牢固——比如儿童衣物的边缘，需要非常耐磨。而有些织物则需要更具弹性的起针。试试不同的方法，感受针法之间的不同。无论使用哪种方法，末尾的线头都可以用于缝边，或者不显眼地藏进织物中（参见23页）。

这里演示的所有方法都由打活结开始，活结也当作第1针。

提示

使用比实际编织时大一号的针起针，这样针脚不会太紧。

一种更精致的麻花式起针方法：每次都把针插入最新起的一针中，而不是插入针脚之间。这样能织出有用的带褶的边。

打活结

把打好的活结套在针上，形成第1针。

如图所示把毛线绕圈，留出所需长度的线头。用针尖挑起线圈里面的毛线。轻轻把结拉紧，套在针上。

后线圈起针

这种起针方法非常适合在一边加针，或者用于扣眼的上面；但不推荐用于底边的起针。

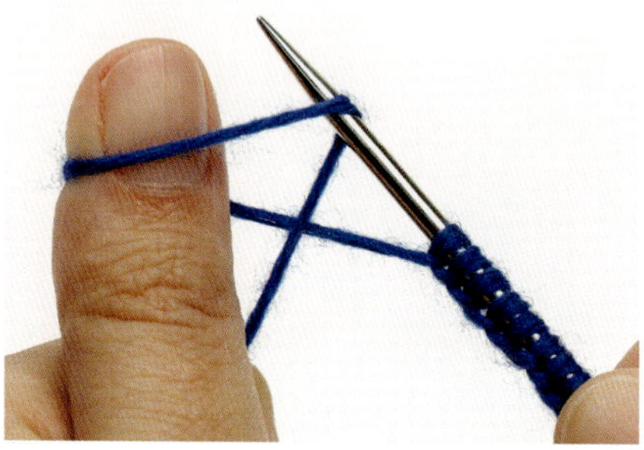

线头留短一些，在针上打一个活结。拉紧左手上的毛线，在拇指上绕一圈。把针放入圈中，拇指滑出，然后拉紧毛线，起好一针。

麻花式起针

这种起针方法是先织1针下针，再把右手针上的这个针脚移到左手针上。这是一种比较紧实的起针方法，织出的是边缘牢固的麻花边。

1 把活结套在针上。左手拿着这根针，把另一根针插进活结前部。把编织用线在右手针上绕过一圈并拉过一针，然后移到左手针上。

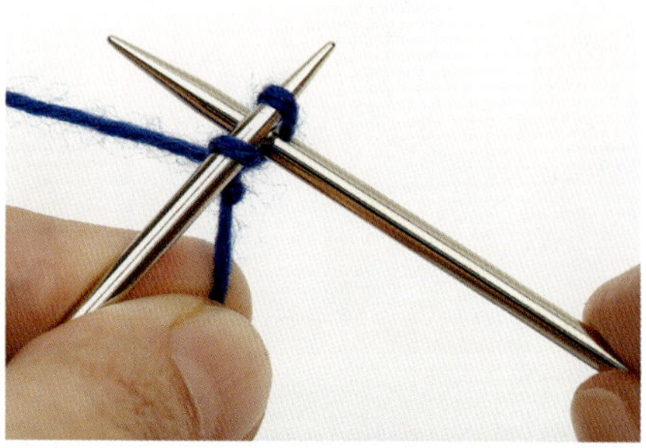

2 把右手针插入新织的一针与上一针之间，然后如前再织新的一针。继续以相同方法编织直到达到所需针数。

长尾起针

用此方法可以织出与下针相似的紧实的底边。一开始可能有点棘手，需要非常灵巧的手指，不过当掌握诀窍之后这会是最快的起针方法。首先量取大约三倍起针所需长度的毛线。打一个活结并套在针上。与线团相连的线保持在织物的后面，线头放在织物的前面。

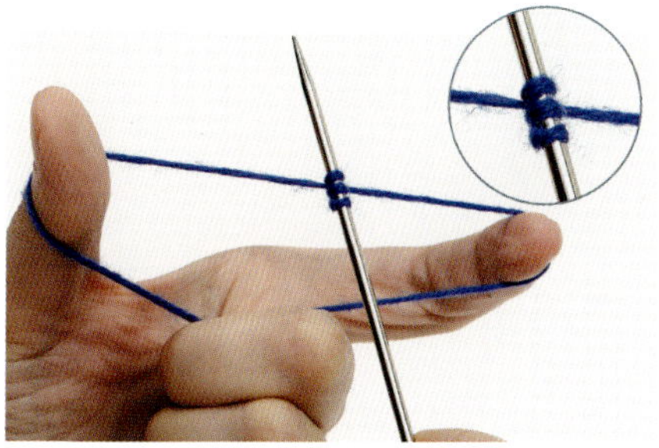

1 右手持针，左手握住两根毛线。从后往前把线头那根线绕在左手大拇指上，并把另一根线绕在左手食指上。用余下的手指把两根线都握于掌中。

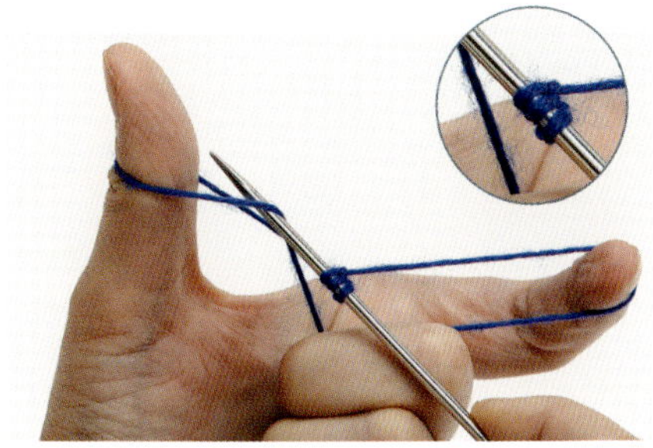

2 把针从下方挑起挂在拇指上的毛线。

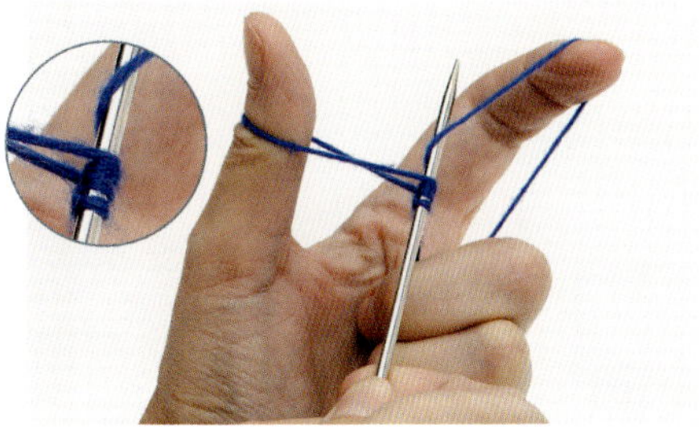

3 向上挑到左手食指上方，用针尖向下挑起左手食指上的毛线，将针和毛线从拇指上的线圈中拉出来，就形成了一针。

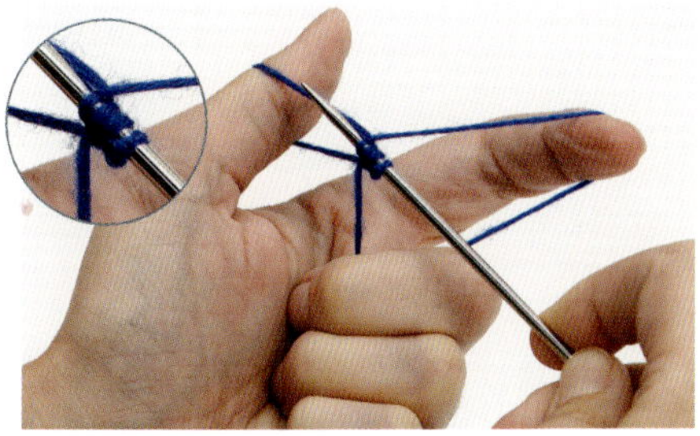

4 松开拇指上的线圈，将两根毛线拉紧。重复直至所需的针数。

提示

量取三倍起针所需长度的毛线可不是件容易的事。测量所需毛线长度的方法是：先起10针，然后再拆掉它们。量一下刚拆开的线就可以计算出实际需要的线长。

另一方法是使用两团毛线。把两根线都用活结固定在针上，然后同时用两根线起针，并多起一针。完成后剪断其中一根毛线，并解开活结。

拇指起针

这种方法和长尾起针的边缘相似。

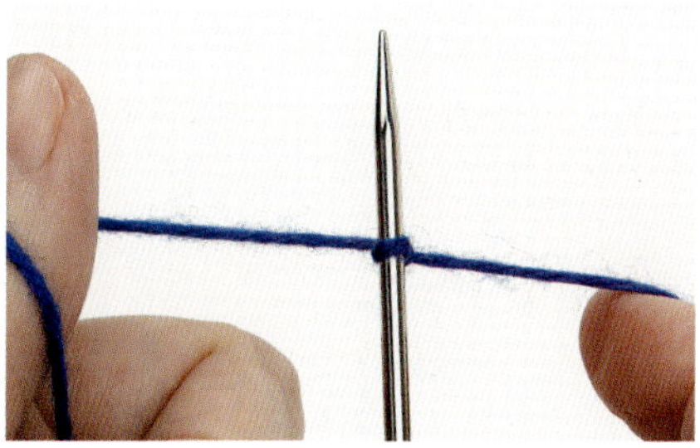

1 量取大约三倍起针所需长度的毛线，并在针上打活结。右手握住针和来自线团的毛线。

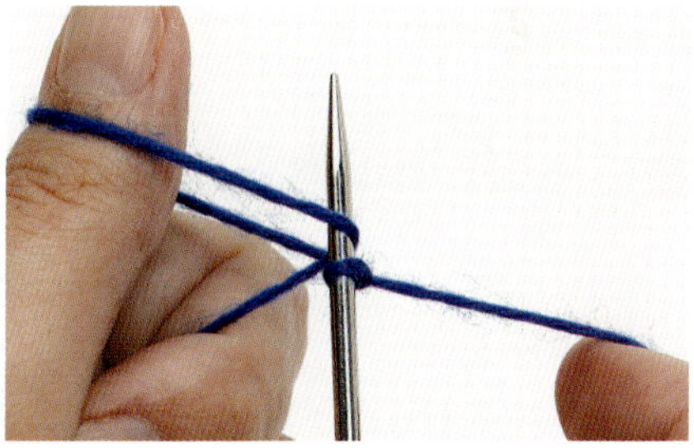

2 左手拉紧线的另一端，在拇指上绕一个线圈并把右手针放入圈中。

3 把线在针上绕过来，拇指从线圈中退出来，轻轻拉紧线头形成一针。重复直至所需针数，注意包括起针的那个活结。

环形编织

环形编织，或按圈编织，可以织出无接缝的圆筒状织物。传统斯堪的纳维亚织物通常是环形编织，因为在环形编织时，正面总是朝向编织者，方便查看作品并观察编织花样的进度。

提示

为了使起针边平滑，不会在第1圈开始时有小的落差，注意应比要求多起1针。织第1圈时，把第1针从左手针滑到右手针上。把右手针上的下一针从上面套过刚滑过来的那一针。

用环形针编织

用环形针按圈编织，织成衣身部分。

使用环形针时，环形针的周长应远短于所织物件的周长：环形针可以容纳几乎其两倍长度的针数。如果环形针对于针脚而言过长，编织时织物会被拉伸，且针脚不能轻松地在针上滑动，这会让编织变得困难。

1 按所需针数起针。把针放在一处平面上，针尖在离你远的方向，待织线应在右手针上。让针脚平均分布在针上，让起好的一圈针脚留在针的内侧。注意确保起针边没有在针上扭转，否则织出来的成品也会扭转。

2 拿起针，让针尖指向自己。有待织线的那根针应在右边，而待织线应在圆环外自然垂下，而不应留在中间。

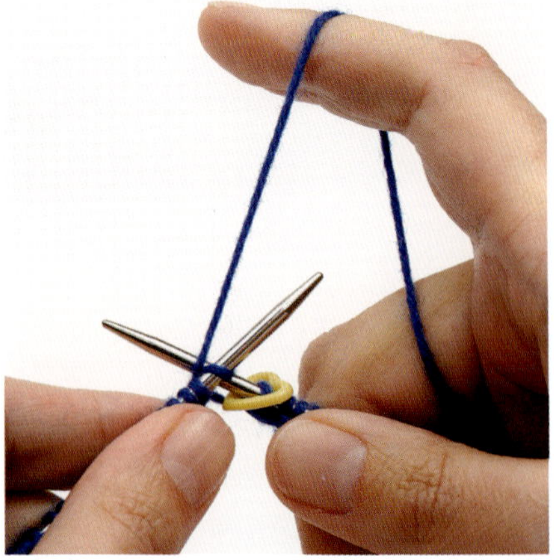

3 把记号圈放入右手针上以标记一圈的开始、结束。按要求编织。每织几针，就把左手针上的针脚往上推，把右手针上新织好的针脚从针尖上推下来并拉开，使所有的针脚沿着软线滑动。当又织到记号圈的位置时，一圈就织好了。滑过记号圈，开始下一圈的编织。

用四根双头针编织

当编织针数太少，不适合使用环形针时，应使用双头针按圈编织——比如袖子，帽顶，袜子，或者其他小的织物。
双头针的针长应可以放下所需针脚的三分之一（用四根针编织），或四分之一（用五根针编织）。如果针太短，针脚会有从针尖滑脱的趋势。

1 按所需针数在一根长的双头针上起针。按织上针方式把三分之一的针脚滑到一根双头针上。

2 把剩余的三分之二的针脚分别滑到另外两根双头针上。一些花样会精确要求每根针上的针脚数目；不然的话就把总针数除以三。把三根针针排成三角形，让待织线处于右上方。起针边应在三角形内侧。把每根针上的针脚都推到中部。

3 开始编织时，把带待织线的针尖朝向自己。待织线应在三角形以外，而不是从中间垂下来。用第四根针织完第一根针上的所有针脚。把所有新织好的针脚推到第四根针中部。现在第一根针上已经空了，用这根针编织第二根针上的针脚，以此类推。

4 把每根针上的首针和尾针织紧一些，并把针相互间靠紧一些，以避免由于线松形成空隙。在距双头针末尾还有一针处放置环形记号圈，以标记一圈的开始和结束——或者说，在距离一圈结束还有一针的地方放置（否则记号圈会掉下来）。在圈与圈之间滑动记号圈。

用五根双头针编织

有时使用五根双头针编织更加方便。在这种情况下，把针脚平均分布在四根针上，并用第五根针开始按圈编织。

提示

使用双头针时，注意安排好针脚，使花样可以在每根针上的重复都是完整的，这样查看织物时会容易一些。

持线方法

在传统的斯堪的纳维亚彩色编织中，每一行都不会使用超过两种颜色。所以每次需要操控的线团只会有两个。尝试后找到最适合自己的方法。

在传统斯堪的纳维亚彩色编织中，有几种不同的持线方法。右边展示了三种方法。每一种都试试，看哪一种最适合自己。虽然一开始可能有点滑稽。我们从一团线开始学习编织，所以也可以学会用两三团线编织，只不过需要一点时间练习。

一手一线

把背景线（红色）握于右手中，花样线（灰色）用左手的手指拉紧。用右手食指移动背景线并编织，用右手针尖挑起花样线，拉过线圈并从针上拉下来。

两线都在右手，绕过食指和中指

右手控制两条毛线，背景线（红色）绕过食指，花样线（灰色）绕过中指拉紧。通过食指编织背景线；编织花样时，稍微转动一下手，让毛线从中指绕到针上。

两线都在左手，绕过食指

从前往后把两根毛线都绕过食指，花样线（灰色）处于背景线（红色）的左边。编织时，把右手针插入下一针中，然后用针尖挑起需要的毛线，拉过线圈并从针上拉下来。

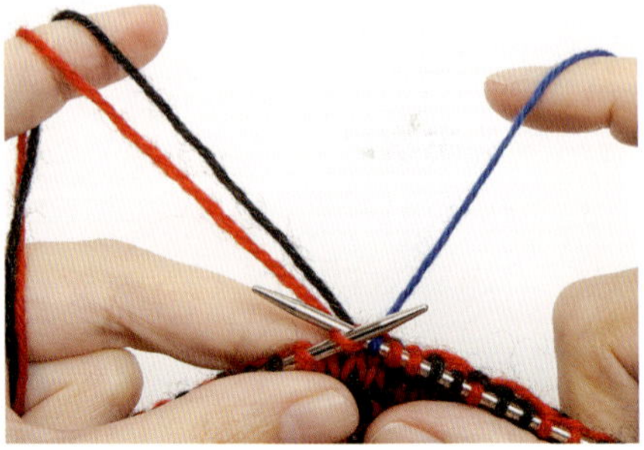

三根或更多的毛线

当使用三根或者更多毛线时，把左、右手技巧组合使用。开始时可能很慢，不过经过练习很快就能适应。

提示

试着练习编织一些重复不超过八针，只用两种颜色的简单花样，直到觉得浮线编织很轻松为止。

浮线

在这种类型的编织中，未使用的毛线会松松地从作品背面穿过。这些松松的线叫做“渡线”。为了作品正面的整齐，在每一行中，一种颜色的渡线应一直位于下面，而另一种颜色一直在上面。花样颜色间的变化少于九针时，使用简单的浮线编织非常高效，因为渡线不是很长。较长的渡线则可以使用藏线的方法处理（见22~23页）。

简单浮线

1 从花样线换到背景线时，只需用背景线开始编织，把它放在花样线之上，然后编织所需针数。把之前的花样线的针脚在右手针上匀开，好让针脚背面的背景线不会太紧。

2 从背景线换到花样线时，使用花样线开始编织，浮在背景线之下，并编织所需针数。

在织片背面，渡线之间应保持平行，没有相互纠缠。为了整齐美观，每根线的渡线之间应保持其上下位置。灰色的花样渡线就处于红色背景渡线之下。

管理渡线

浮线编织时，注意渡线不能太紧，否则会令织物褶皱。编织的时候，注意在右手针上把针脚拉开一些，这样一来，没有用到的毛线会在刚织好的针脚背部展开，调整好长度。结合练习经验，编织者自然而然地就会把刚织好的针脚展开。太长的渡线反而不太麻烦，不过它们会使针脚过大，让织物看上去不均衡。

编织线的主次之分

在浮线编织中，一种毛线会比另一种略占主导地位。线有主次之分是因为其中的一种线比另一种穿越织片的距离多一点点，也会更紧一些，使它变弱而不太明显。渡线距离最短的就是主线。另一种分辨的方式为，下面的线为主线，上面的线织出的针脚较小。

一般而言，花样线会在背景线的左侧，使花样占主导地位，不过在个别技巧上也有些许不同。

最重要的是保持持线方法一致。把花样线放在一个位置，背景线放在另一个位置；在编织时注意两线的相对位置不变。

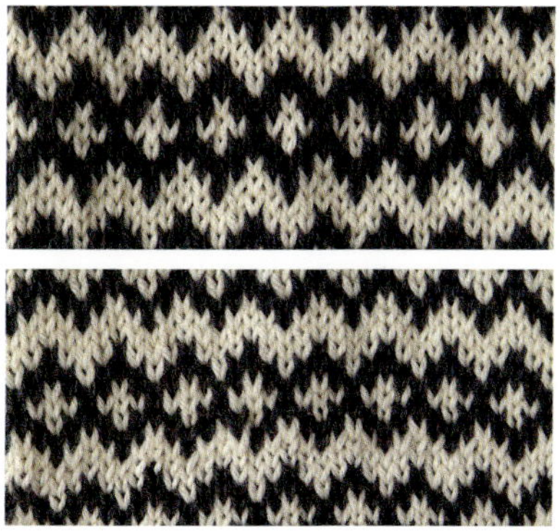

上方样品中，灰色针脚较大；下方样品中，白色针脚较大。

观察背面，上方样品中的灰色浮线处于白色浮线之下，而在下方样品中，白色浮线处于灰色浮线之下。

藏线

在一些斯堪的纳维亚彩色编织花样中，不同颜色的毛线变换要经过不少针脚。当一种颜色的毛线在后面要穿越八针以上时，就应该把线织在那些针脚的上方或下方，以避免过长而又松散的渡线挂住手指或者首饰。

当未编织的毛线在背面被携带超过八针时，需要藏线。也有其他一些情况需要藏线：某些种类的毛线，比如耐洗婴儿线，不像传统100%斯堪的纳维亚粗加工羊毛线一样有“黏性”。粗毛线织出的针脚更大，所以渡线就较长，所以你希望将其固定住。有一个很有用的拇指准则：不要让渡线长于2.5cm，即大约一个拇指的宽度。对于一些儿童用品，比如连指手套，藏线也是很好的选择，这样小拇指就不容易被长长的渡线挂住了。

藏线会让织片变密，比起浮线，也没那么有弹性；如果每一针都藏线，最终成品会变得几乎和织出来的布片一样。根据情况考虑：对于连指手套这可能是一个优势，因为织物应该紧实，但对于应该柔软舒适的围脖就不那么适合了。

有时候藏的渡线会在衣物正面显露出来，这一点在使用色差大的对比色时尤其明显。藏线时，注意错开位置。如果一处正好挨着另一处，则可能已经不小心在正面形成一道竖线。

用两只手藏线

背景线藏线

1 织到需要携带背景线的位置。

2 把背景线拉过花样线。

3 把右手针插入下一针脚中，在背景色之上，把花样线绕在右手针上，从线圈中挑出来，并从左手针上移下来。

4 把背景线放回原来的位置。

花样线藏线

织到需要携带花样线的位置。把针插入下一针脚，把背景线从花样线下绕到针上，从线圈中挑出来，并从左手针上移下来。继续编织背景线。

只用左手藏线

背景线藏线

织到需要携带背景线的位置。把右手针插入下一针脚；用左手拇指把背景线移到前面。右手针尖移到花样线之后，从右往左往前绕，从线圈中挑出来，并从左手针上移下来。松开拇指上的背景线，如常继续编织。

花样线藏线

织到需要携带花样线的位置。把右手针插入下一针脚，用针尖从花样线下方从右往左挑起背景线，从线圈中挑出来，并从左手针上移下来。继续如常编织。

只用右手藏线

背景线藏线

织到需要携带背景线的位置。把背景线垂于花样线之下。用花样线编织。把背景线移回原来的位置。

花样线藏线

织到需要携带花样线的位置。花样线跨过背景线，并编织背景线。把花样线移回原来的位置。

藏线头

把松散的线头藏好的过程可能有点沉闷，但是一项必须完成的任务。留出约15cm长的线头。然后把线头穿入毛线缝针，再穿过一行针脚的背面，上上下下应至少穿过十个针脚。完成后轻轻拉紧毛线，然后剪掉多出的线头。

试着把线头沿织过来的反方向再穿回去。可以把线头藏入织物背面上针的“小鼓包”，或者藏在短渡线之下，又或者更精确一些，沿着针脚的路线缝。

也可以考虑把新旧线用唾液捻合在一起。

把线头藏在同一行上针的鼓起处

把线头藏在短渡线之下。

加针和减针

虽然传统斯堪的纳维亚编织很少使用加针和减针（而且大部分的加减针因为两种颜色的复杂表面，看起来并不明显），这些基础编织技法仍然需要掌握。

加针

许多传统斯堪的纳维亚衣物是块状的，加针的位置一般在衣物的边缘，一圈的开头，中间或者接缝处，或恰好在暗口针脚的前后。

如果把针脚加在一行、一圈的中间，会打乱花样，让所有接下来的花样都需要重新设计，一般只会出现在针法复杂的花样上。在一行、一圈中间加针可用于单色全下针编织。要记住，如此加针会影响随后圈中花样的位置，所以要相应调节织物。

从袖口往上编织袖子时也会用到加针，加针的位置在手臂下面中间接缝的两边。

加针有许多方法，每个人都会有自己最喜欢的一种。花样中一般不具体要求使用哪种加针方法，大部分只会在说明上写“增加”一定针数。

这里介绍三种比较好用的加针方法。

从后面织两针之间的线段

这种方法把针加在两针之间。

1 织到需要加针的地方。右手针从后往前挑起两针之间的线段，并以从前往后插到线段下的方式放到左手针上。

2 把挑起的线圈作为一针来织，插入线圈的后面，织下针，从左手针上移下来。

织下面一行的针脚

这种方法是在下面一行的针脚上挑针编织。

1 织到需要加针的地方。把右手针从右上方穿过前一行的针脚。

2 把这一针放到左手针上，不要扭转，像平常一样织下针。

从线圈前和线圈后编织

因为不太整齐，这种加针方法一般用在织物一行的开头或末尾。在边缘处，或者距离边缘一针处使用这种方法，这样织片缝起来时就不会被看见了。

1 织到需要加针的地方。穿过左手针下一针的线圈前面织下针，织后不从左手针上移下来。

2 再插入同一针的线圈后面织下针，并从左手针上移下来。

减针

减针用于形成领口、袖口以及袖子的形状等。了解不同的减针和加针形成的斜边的方向是很重要的。比如说，在领口减针时，右侧的减针应该形成右侧斜边，而左侧的减针应该形成左侧斜边。但斯堪的纳维亚编织经常不遵循这个惯例，减针的斜边方向正好相反，好让选择的颜色呈现在上方。

由于斯堪的纳维亚编织一般以环形编织，正面一直朝外，所有以下所示方法皆为正面行。

右侧斜边减针（左上2针并1针）

下针把2针或更多的针织为1针，在织物右侧形成向右倾斜的斜边。

1 如织下针一般，把右手针插入左手针的第2针，再插入第1针。

2 把2针织在一起，一起从左手针上移下来。

左侧斜边减针（滑针右上2针并1针）

这种针法形成向左倾斜的斜边，呈左上2针并1针的镜像。

1 第1针如织下针一般滑针。第2针也如织下针一般滑针。（必须是每次滑1针）

2 把左手针尖从线圈前面插入滑到右手针上的这2个针脚中，如图所示在右手针上绕线。

3 把线从2个滑针中挑出，新织的1针留在右手针上。

提示

如果需要不仅仅呈块状的衣物，试着改变编织用针的尺寸：减小一至两个针号再编织腰部。另一种塑形的方法是在花样之间的平针行均匀地加减针。此方法唯一的缺点是花样在垂直方向上可能会对不齐。

使用什么颜色？

在加针和减针时要用对颜色以保持花样的正确。比如，右边所示花样中的第4圈有一处加1针：使用花样颜色，这样加上的1针会像是下一个花样重复的一部分。在第8圈的减针处，用背景色，否则看起来好像花样多出1针。

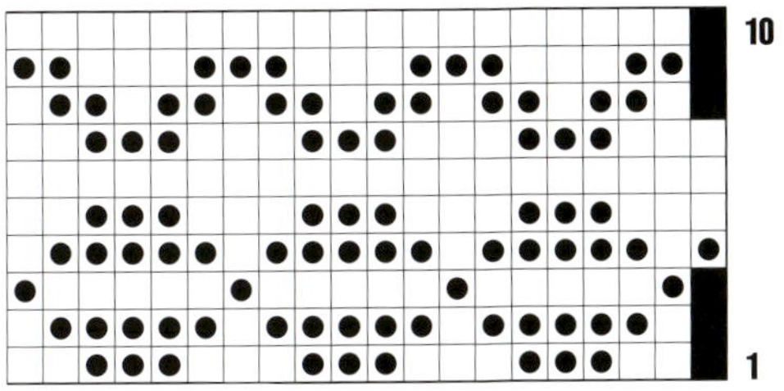

暗口

暗口技法可以使环形编织不受像袖笼或者领口这样的开口打扰。

环形编织可以制作出无接缝的圆筒，是不少衣物的基础形状——举例来说，围脖，手套，帽子，袜子，裙子，还有袋子，等等。不过，毛衣和开衫的主体部分需要为领口、袖子以及前襟开口。

暗口是在需要开口的地方先用额外的针脚把口子连在一起，使环形编织可以继续进行而不受干扰。当编织完成后，用锋利的剪刀从额外的针脚之间剪断，形成一个开口，接上袖子，或挑起领口、扣洞边等。

暗口的额外针可以少至3针，也可以多至12针，一般来说在6~10针之间。编织暗口时，最主要的原则是，用到圈中的每一种颜色，渡线很短，使织物稠密。

暗口的针脚应贴近背景色的衣物主体，形成向里的“折边”，这很有用。如果暗口的针数为偶数，中间的针使用同种颜色，这样会使剪口非常清晰。

如果使用的是100%斯堪的纳维亚传统粗加工羊毛线，剪暗口时不一定需要特别的收尾，因为针脚并没有从侧边散开的趋势。如果还是担心会散开，或者使用的是不那么贴合的毛线，可以试试下列两种收尾方法中的一种。

机缝或手缝暗口

所有“光滑”的线都强烈推荐使用这种方法，比如耐洗线，混纺线，植物纤维或合成纤维。粗线不像细线那样容易贴在一起，这种方法也很有用。机缝的针脚可以确保毛线会被固定在相应位置。

1 使用缝纫机，在临近两排中心针脚的下方缝出一行针脚。如果没有缝纫机，可以使用普通缝线，用回针法手缝暗口。建议缝两遍以确保针脚牢固。然后在临近两排中心针脚的上方缝出第二排缝线。

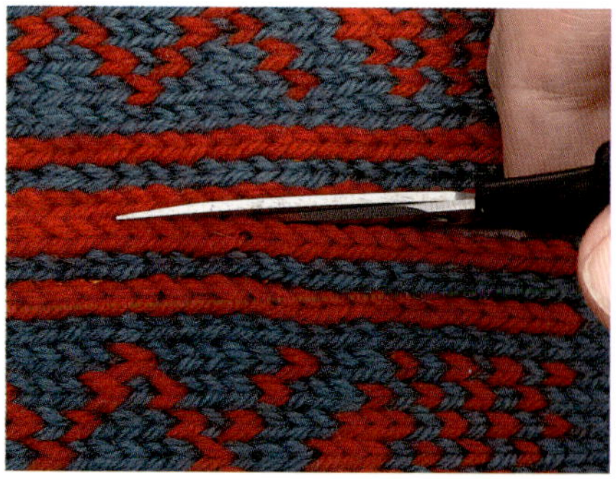

2 小心地剪开中心位置的针脚。从反面比较容易看清针脚，也会更容易剪开，这样就不会不小心剪过头：缝线不会被编织针脚埋住。在朝向衣物主体的方向挑针以加上领口或扣洞边。然后把剪开的口子翻到反面，正好在机缝线之上。也可以粗缝固定。

沿着临近中心的两行针脚的中间缝线（黄色线）。从中心的针脚处剪开（白色线）。

钩织暗口

虽然很花时间，但是钩织暗口可以钩出很漂亮的边。注意使用直径比编织用针稍小的钩针钩织。

1 转动织物，让暗口的左边靠近自己。

2 用钩针挑起最靠近中心针的针脚的外侧线圈（在暗口的一个边上），及其相邻的下方一针的紧挨着的线圈。

3 钩针绕线，然后拉过钩针上的两个线圈。重复一次，钩成一针短针。

4 继续挑起左边紧挨着的一对线圈钩短针。当钩到暗口的顶点时，剪断毛线并收尾。把织物转动180°，让暗口的右边靠近自己。重复步骤2至4直到暗口尽头，然后收尾。

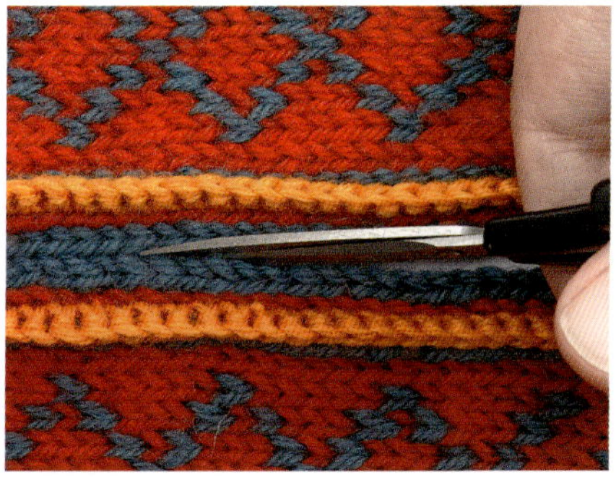

5 在中心两排针脚间小心地剪开暗口。剪开的边缘会沿着钩织的针脚自然往里卷，边缘整齐。也可以粗缝固定。在朝向衣物主体的方向挑针以加上领口或扣洞边。

钩织中心针边上一针的外侧半边，以及邻近一针的紧挨着的半边（黄色线）。沿着中心针脚剪开（白色线）。

修正错误

编织者应具备发现及修正织物中错误的能力。每织一段应检查一下是否有错误。错误发现得越晚，就需要越多的功夫去修正。

一针一针拆

需要把织物一针一针拆到出错的位置。

线在后，织物正面朝向自己，左手针从前往后，穿入右手针上紧挨的一针的下方一针中，把线圈挑到左手针上，把右手针上的线圈从针上退下来，把线往后拉，拆去这一针。每种颜色都需要这样拆散。

一行一行拆

有时需要整行拆掉，然后再把针脚穿到针上。

把所有针脚都从针上退下来，把织物放在一个平面上。轻轻拉线拆散针脚。记下拆掉的行数，以及任何加针，减针，或者这一区域内所织花样的特点。把针脚放回针上，注意确保朝向正确。

遮盖针

遮盖针是使用刺绣手法在织物表面绣出相似的针法，绣出的针位于错针之上，可用于遮盖作品中的小错误。

可以沿着花样中的一行绣一串遮盖针，这样就不用剪断毛线了。一边绣一边把余线藏在织物背面。

1 毛线缝针穿上相应颜色的毛线，从背面往前穿过要遮盖针脚的底部，把线拉到前面。把针从右往左穿过需修正的针的上面一针的底部。

2 把针穿回开始的位置，完成这一针。

定型与收尾

需要把织物轻柔地洗后仔细地定型。

潮湿的衣物非常有弹性，可以塑造出你想要的形状。比如，微调长宽，收紧腰部，或者拉长袖子都可以轻松完成。

经过洗后定型，几乎所有的针脚不匀都会神奇地消失。织物上任何的凸凹不平都会去除，表面变得很平整。如果使用的是100%斯堪的纳维亚粗加工羊毛线，衣物自身会松弛，变软。如果使用其他织线，注意阅读线团腰封上的洗涤说明。

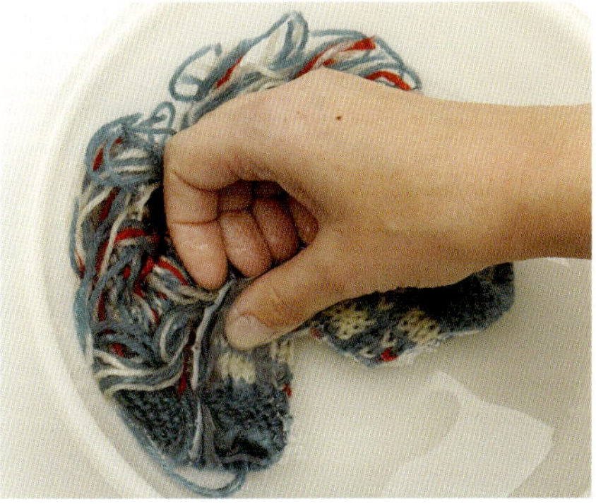

1 首先，用温水和性质温和的洗衣液清洗织物。轻轻挤压织物，不要翻动。再用同样温度的水彻底清洗干净。把织物放在盆的一侧，轻轻挤压，把水挤压出来，不要拎或拧织物，否则可能会拉长织物。应该在盆中把水挤压干。

2 用吸水毛巾卷起织物，往下按压，以去除尽可能多的水分。

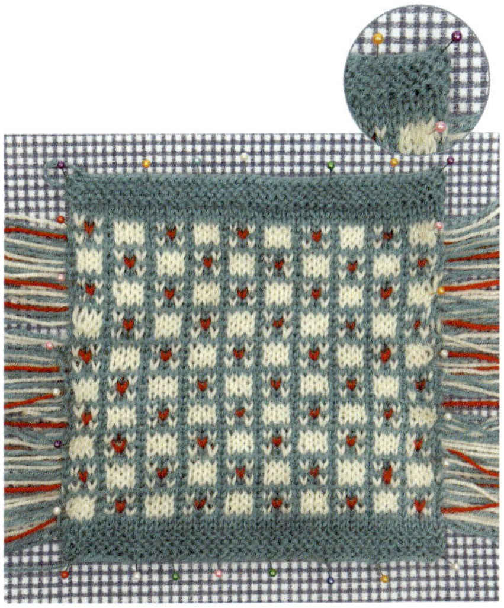

3 把织物放置在定型板上，轻轻把织物推开至合适的大小。用卷尺定出准确的尺寸。用防锈安全别针或大头针把织物固定到位，直到织物完全晾干。

自制定型板

制作定型板并不困难。取一块夹板，在其中一面铺上几层棉被，再盖上一块方格布，有助于确定织物的位置。或者，直接把织物放在平整的表面上，比如床上，或者在地毯上加铺一块毛巾。

对于更小、形状更复杂的织物，比如袜子或者手套，你可能希望用特殊形状的定型板。这些定型板可以买，也可以自己动手制作：按照织好的物品的形状从厚纸板或泡沫板上裁下一块。

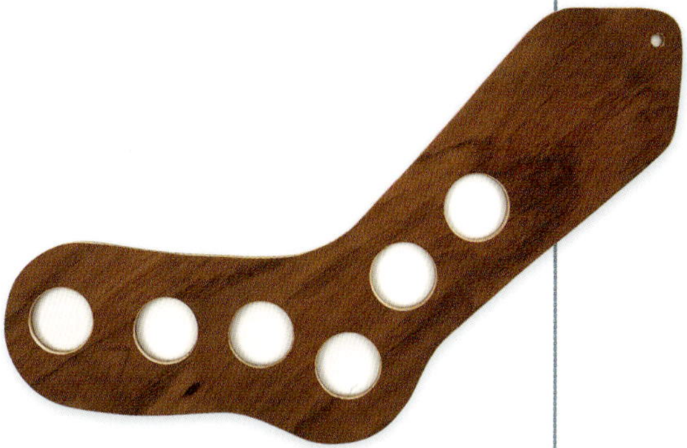

提示

- 不要舍不得用大头针！
- 织物在定型板上晾干后，上面的罗纹边也会被拉开。如果你不想让它缩回去，再次湿润织物使其松弛，重新在更窄的距离上钉紧，然后放置晾干。
- 注意放平并小心折叠以储藏织物。如果要存放过冬，夹一层棉纸再折叠以减少皱褶。再放一块杉木以防虫蛀。

选用颜色

传统斯堪的纳维亚浮线编织通常只使用两种颜色。不过两种颜色已经足够表现多种效果。

传统用色

传统斯堪的纳维亚浮线编织通常只使用有限范围中的两种颜色，比如黑白，灰白，红绿，以及自然羊毛颜色的组合。仅使用这些颜色已足以产生醒目、多变的设计效果。不过，我热爱色彩，也相信编织是与时俱进的传统工艺；所以本书中使用了许多其他颜色，而我也鼓励读者记住一些要点后去大胆尝试。

驯鹿，传统用色。

驯鹿，现代用色。

色彩亮度

为编织作品选择颜色时，首先及最应该考虑的是色彩亮度，即颜色的明暗。最明快、清晰的设计都采用对比强烈的颜色。只要遵循这一原则，颜色选择上就不会出大错。

相同颜色的花样在不同亮度的背景色上看起来会显著不同，如这里的样品所示。与背景色亮度差别大时，花样非常突出。当背景色和花样色的亮度相近时，花样会模糊不清。

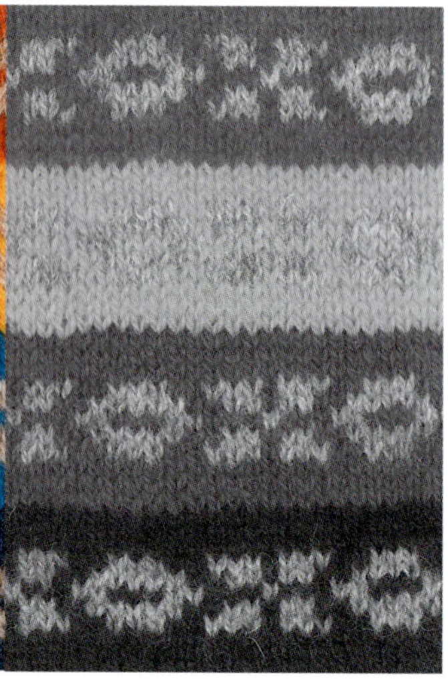

这款传统斯堪的纳维亚设计（左图）使用了明暗对比强烈的两种颜色。

使用两种颜色

相同的两种颜色可以看上去很不一样，突出或减弱取决于其在设计中的定位。先确定设计的哪一部分想突出，哪一部分想减弱，不过提醒一点，有时只有织出样品之后才能弄清楚！

那么，无需多言，相同的花样用两种不同的颜色也会使之不同。难以决定用什么颜色吗？先选出最喜欢的颜色，然后再选出与该颜色对比强烈的颜色。

样品的两边采用相同的花样，相同的颜色，不过主次颜色互换，但看起来显著不同。红色网格的顶端似乎要消失在灰色背景中，而灰色网格则非常明显。

这个样品中，红色和白色的结合产生出明亮、轻快的感觉，而同样的花样，红色和黑色则带来沉重、稳固的感觉。

在一行中使用超过两种颜色

在一行中使用超过两种颜色的毛线很复杂，不过如果真心喜欢，所有的额外劳动都是值得的。刚开始的时候，在一个简单的花样中加入少许第三种颜色。熟练掌握如何使用多于两种颜色的毛线后，可以尝试更加复杂的设计。

几何花样中的一针红色让51页里的传统花样彻底变了模样。每隔四行便需要使用三种颜色编织，不过是值得的！

在这个花样里，几乎每一圈都使用了三种颜色。在很多圈里，毛线换色的距离很长（这会形成长渡线，需要藏线）。

在一个花样中使用超过两种颜色

有许多方法可以在花样中加入颜色但又不会让编织变得过于复杂。

引入增加的颜色一般会是单独的条纹，或出现在整组新花样的起始处。这样编织过程也会更容易操作，因为需要同时操作的只有两根毛线。

为了让形象的设计更加有亮点，可以在不同的部分加入不同的颜色。虽然色彩“斑斓”，只要每圈里只有两种颜色，编织起来仍然比较简单。

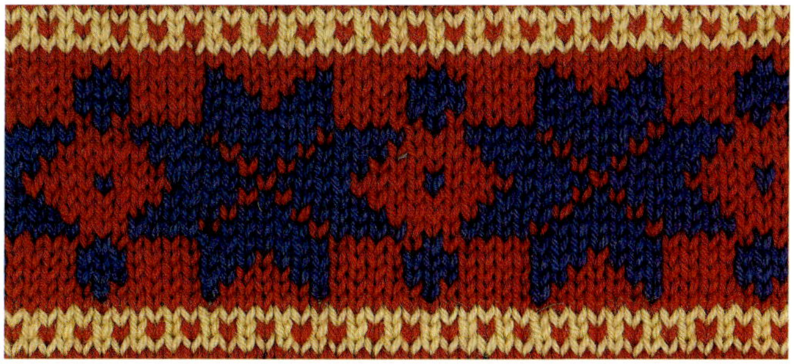

加入条纹状的额外的颜色，或在整组新花样的起始处加入。

这组蓟花图案使用了三种颜色——分别描绘叶子、头状花序、花朵尖端——但是每圈中并没有使用超过两种颜色。

传统服装

研究一种文化的传统服装总能为自己的设计带来灵感、启发。

在这张来自挪威的班级合影中，孩子们穿的毛衣上有各种不同的经典斯堪的纳维亚花样元素的组合，大部分是传统的鲁斯卡夫特的不同演绎。

斯堪的纳维亚标志性的设计源于几个方面：有一些来自19世纪的地方服饰；偶尔某个特殊风格可以追溯到某人的突发灵感；还有一些情况，编织合作社推动了新风格的发展，或者保持了老风格的活力。斯堪的纳维亚浮线编织无疑是一门鲜活的艺术，在不断发展、变化。

这是一件19世纪瑞典赫尔新兰地区的毛衣。注意横穿胸部图形的颜色分布，在不同的点把图形分隔开了，让人产生看到两种不同图形的错觉。

鲁斯卡夫特（芝麻点外套）：挪威

挪威设得斯德山谷的居民设计出大概最被广泛承认的斯堪的纳维亚毛衣风格，即鲁斯卡夫特，或称芝麻点外套。它得名于最小的图形——在对比色的背景上织一针另外的颜色。最具代表性的是黑色毛衣花样上带有许多白色元素，一般包括在肩膀位置的十字和圆圈，以及身体部位铺满的芝麻点。

凡纳毛衣：挪威

凡纳毛衣的特色在于下摆处的经典格子纹样，紧接着带芝麻点的条纹，结尾则是肩膀部位的八瓣玫瑰或是八角星。

圣布瓦地（圣布手套）：挪威

玛丽特·格塞布鲁娜·恩姆达以“圣布编织之母”而闻名。她于1841年出生，青少年时期便受到身边织物花样的影响。她尝试把天然黑色的八瓣玫瑰（也被认为是星星）放在天然白色背景上。她的设计很受街坊欢迎，所以她的姐妹、邻居也开始编织这些花样，并在特隆赫姆附近出售。这种手套成了当地的民间服饰的一部分，最终成为该地区的一项重要出口商品。

满花毛衣：瑞典

在瑞典的赫尔新兰地区（包括代尔斯布和标洛克），编织爱好者创作出带大型满花的引人注目的毛衣。编织者需要深谙当地的织物装饰艺术，以快速理解花样，不过，经过实践就容易理解了。因为颜色变换间隔相当宽，编织时密度非常大，达到近似织布纹理的状态。也可以捻接编织线来去掉渡线。

波胡斯针织：瑞典

波胡斯针织最初于1939年以编织合作社的形式在瑞典遭受经济重创的采石地区波胡斯兰成立，为妇女提供救济性质的工作。经过三十年的发展，成为一家向全世界精英女性提供高端针织物的企业。设计师及总监艾玛·雅格森还雇佣了其他有才华的设计师以保持品牌常新。比如克斯汀·奥森，她因奢华的覆肩毛衣设计而闻名，作品中色彩编织与上针结合，偶尔还会把羊毛和安哥拉毛混合使用。雅格森在为企业寻找最合适的纤维的同时，也带活了人们对当地绵羊毛的兴趣。

并耶（现为荷兰针织合作社）：瑞典

并耶于1907年成立，为瑞典国内荷兰裔妇女提供救济性质的工作，并致力于保护当地传统花样。企业逐渐发展到雇有100名专业编织者的规模。织出的衣物使用白色、红色和蓝色的多种组合。

纳拓叶历（男士晚礼服）：丹麦

传统丹麦毛衣，虽然只使用单色编织，但花样选择上和多数浮线编织一致，通过在全下针背景的平针上挑织上针来织出“缎纹”。这些“缎纹”服装与整个北欧地区十七、十八世纪编织的“男士晚礼服”非常相似。“晚礼服”不等同于晚上穿，只是一种到处可见的衣服的名称而已，任何阶层的人都穿，并逐渐成为那一地区的民族服装。

岛民毛衣：法罗

法罗岛，岛名原意为“绵羊岛”，那里的羊毛作为重要的经济产物被称为“法罗黄金”！当地的针织毛衣以细小丰富的满花而闻名，通常使用自然毛色。法罗编织贸易繁荣，因为使用较粗的毛线编织渔夫毛衣，有时也被混淆为岛民毛衣。最好的作品会留给家庭成员穿着，以及作为民族服装使用。

洛帕莎：冰岛

彩色花样编织最早的记录可以追溯至1695年，不过冰岛标志性的洛帕莎编织可没有那么久的历史！大约从1950年代起开始流行洛帕莎，这种实用的衣物很可能受到了1950年代中期丹麦、挪威杂志上的“爱斯基摩”毛衣的启发，非常明显地受到格陵兰民族服饰上饰珠领口的影响，这些覆肩毛衣的特点是与花样形成一体的均匀分布的减针。因为使用冰岛洛皮毛线，这种风格很快便在全球得到“冰岛编织”风格的认证。用盘状的无捻粗纱编织出来的毛衣非常温暖，但同时很轻巧，非常适合当地气候。现在去冰岛旅游的话，会看到不分性别，不分年龄，所有的人都穿着这种毛衣的不同版本，非常有趣。

柯斯那斯：芬兰

柯斯那斯是来自芬兰西部岛屿的一种不同寻常的衣物。在同一个编织花样中结合有插色钩织，跟随全下针背景的芝麻点花样，然后肩膀部位以更多的插色钩织收尾。这种有趣的服装常常在同一作品中结合使用编织、钩织等不同的技法，对于当下复兴手工的潮流有很大的启发作用。

这款时尚的编织手套来自塞尔比胡斯弗里德，特色是在白色背景上的八角星。

选用花样

只需快速浏览本书便能知道，在设计作品时，可以以各种方式使用这些花样。每一页都是由几种花样组合而成。它们有时排成满花，有时垂直、水平、甚至对角排列！

所有的花样，哪怕看上去极其复杂，都是由较小的元素组成的。我喜欢把这些元素看成是“积木”。可以按图示摆放，也可以稍微改变一下。

使用的花样越多，就能越熟悉它们，知道怎样像拼图一样把它们拼在一起。只需改变一两个元素，就能带来多种变化，为新设计带来无穷的可能。

下方是为如何开始而提供的一些建议。刚开始先试验小图形的重复，然后再增加图形的复杂程度。

用较小的元素创作新花样

你会发现当较小的元素用不同方式组合起来时，可以创作出全新的花样。

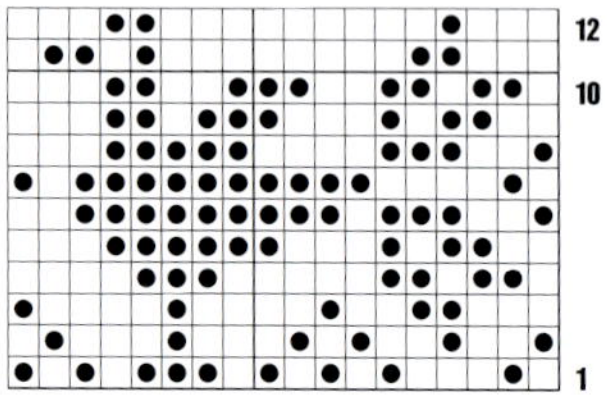

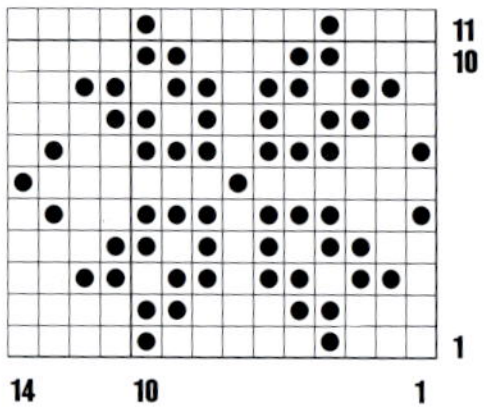

花样126中小鸟的尾部，镜像重复一次，便成为了154页中帽子上的星形花样。

改变方向

试着仅仅转动图形。水平的图形能变成垂直的（反之亦然），看起来差别很大，在衣服上会尤其明显。

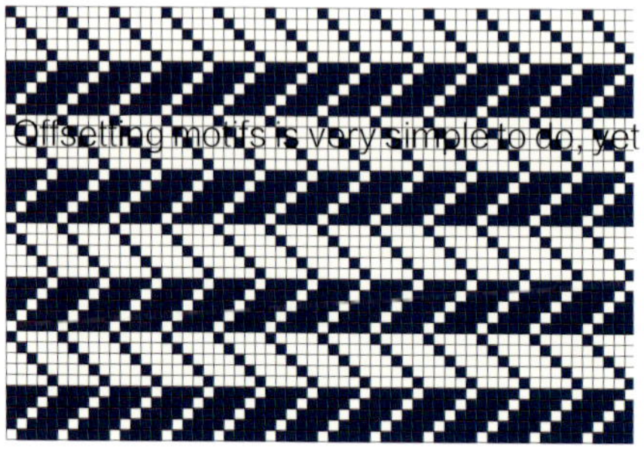

想象在毛衣的袖子和衣身上编织这些V字形花样，各自会有怎样不同的效果。

排列图形

排列图形非常简单，但会产生完全不同的效果，甚至出现平面几何图形。

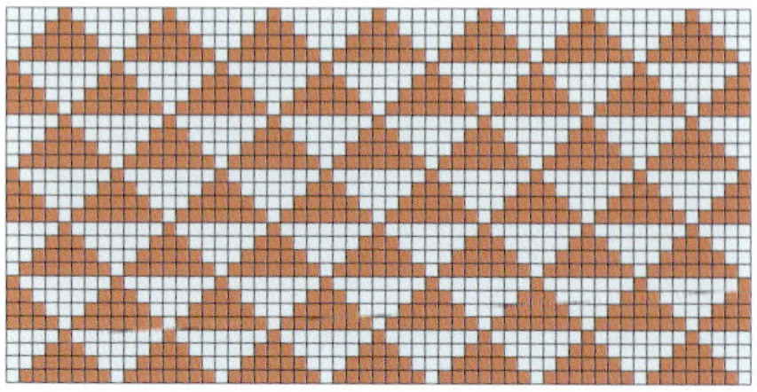

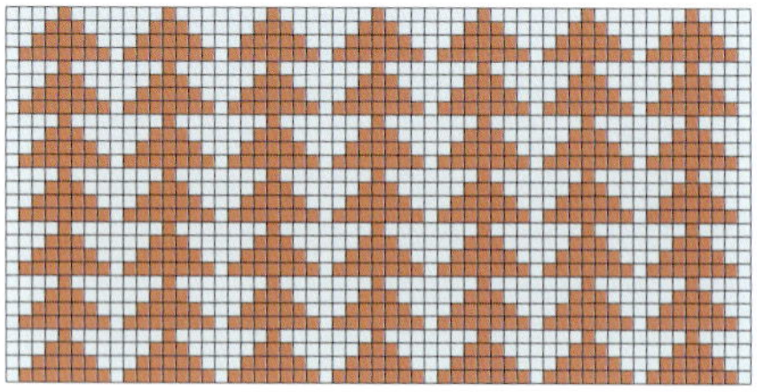

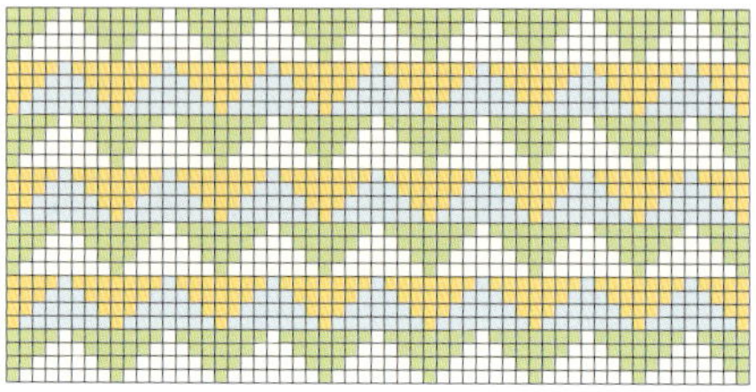

排列花样18中的三角形，通过把菱形排列变成V字形排列改变花样。改变颜色再次使花样变形（有关颜色选用见30~31页）——这是156页围脖的花样。

在花样中“做试验”

如果使用的花样轮廓明显，可以在轮廓中“做试验”，以产生变化。

每个花朵的中心都是不同的，由同一设计产生不同的效果。

“好帮手”花样

在原本过长的两种颜色的间隔中织上合适、熟悉的几何小花样，这是一种普通的斯堪的纳维亚浮线编织技巧，由于缩短了渡线长度，从而降低了编织难度。

雪花之间的简单菱形缩短了渡线长度，编织起来更容易。

赋形花样

几何花样并不是惟一可用来摆弄的花样类型。把一组动物以不同的方向引入织物中，创造出动感和活力。或者也可以让动物转为一个方向，那就是另一种感觉了。

驯鹿迎头相对（上图），像要开始打斗；而鸽子面朝对方，两旁点缀着爱心（下图），似乎在含情脉脉地注视彼此。

山羊向右行进而马匹向左飞奔（如上），眼睛朝向不同方向，带来动感。

过渡花样

在背景色之间过渡时，用小花样的重复标示隔断会很有趣。这也使生硬的过渡变得缓和。小的过渡花样也是加入新颜色的好时机。

过渡花样缓和了背景颜色的变化，增加了设计的纹理和趣味。

过渡花样引入了额外的颜色。

设计作品

这本书首先是一本花样合集。虽然详细介绍斯堪的纳维亚衣物设计超出了本书范围，不过这里也会介绍一下使用书中花样的心得，可以帮助设计作品。

对于所有的作品，小心地制订计划是成功的关键。这里我们用毛衣举例，不过步骤对所有的作品都是通用的，即使只是编织简单的连指手套，从以下步骤开始都会是不错的选择：绘出简单的设计草样，测量尺寸，编织密度样品，以及检查针脚和行数是否合适。

本书中的花样可以多种方式用于各式各样的物品。

1 最初的问题

在开始编织任何东西之前先问问自己以下这些问题。

想制作什么？

首先，需要决定想制作什么。是一顶帽子，一块方毯，一件套头衫，还是一件开衫？是一个枕套，一个针插，一个袋子，或是几双袜子？想要制作的物品有助于缩小你想用的花样的范围，以及限定花样运用的方式。

提示

由于斯堪的纳维亚编织一般都是环形编织，织好的圆筒是开始的好地方。如果开头几行的花样重复让你觉得像天才的杰作，可以把圆筒变成一顶帽子；如果继续织下去，发现织出的东西自己不想穿，那么可以改成挡风帘，小靠垫，或者暖手筒；如果还想试验下去的话可以继续环形编织，直到1米长，这样就织成了一条舒适的围巾。无论想编织什么，都很有必要织一个密度样品和花样样品，以制订自己的计划。

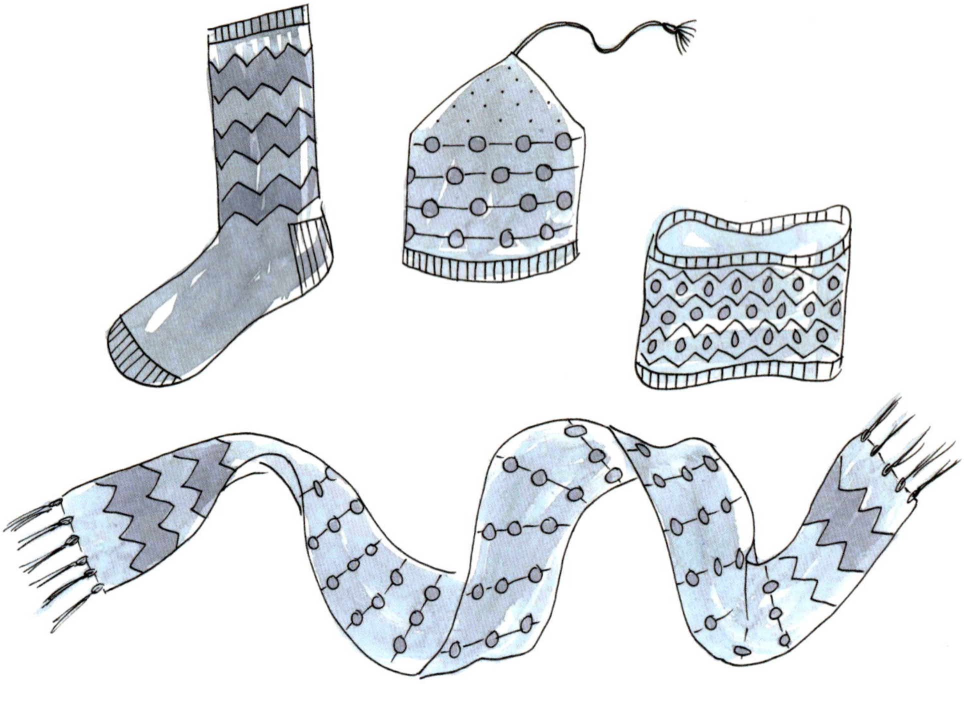

用途是什么？

接下来需要确定作品的用途，这会有助于确定哪些花样最适合作品。作品会经常穿用、磨损而需要结实牢固吗？如果是的话，选择的花样要小而简单致密，编织难度不大。或者作品更需要显出时尚感吗？如果是的话，就需要更精心的设计，更复杂的花样。

需要多少时间？

确定自己愿意花在作品上的功夫。花样简单好记，只需要两种颜色的作品，是适合热闹的编织小组选用的项目。复杂、不对称的或大的图案花样则可能比较适合在冬天的炉火边单独编织。更加复杂的花样则需要仔细跟随图谱，需要使用便利贴，需要充足的光源等。

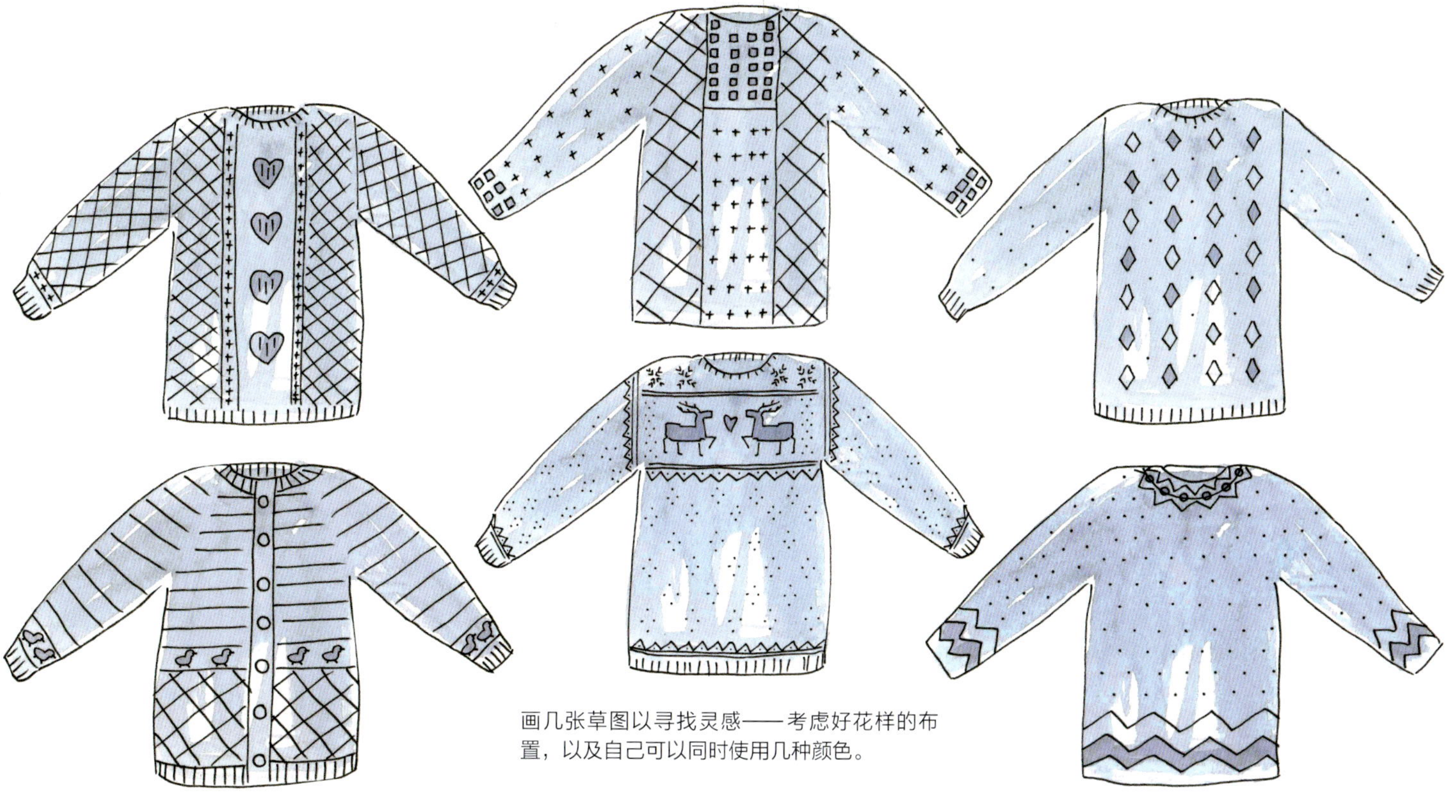

画几张草图以寻找灵感——考虑好花样的布置，以及自己可以同时使用几种颜色。

提示

试验花样的布置可以用如下方法：复印书中的花样，剪成条状，然后把它们一条接一条放好。尝试不同的排列：有时衣物也需要额外的花样以保持设计上的平衡。你还能判断出哪些花样组合起来好看，某个花样需要重复多少次，以及需要哪种中心花样。

2 设计理念

当确定好要做什么后就可以开始选择花样，确定如何把花样组合在一起。

这本书中，储备的毛线，以前的作品——无论哪里你都能找到灵感——产生最初的想法，画几张粗略的草图。

考虑好花样的布置：横排，竖放，或是满铺？有中心吗？有焦点吗？或者花样从头到尾一直重复？

同时也需要考虑自己能不能在同一圈里使用多于两种颜色。如果不行的话，在花样排列的间隔中加入颜色，而不要加在单独的花样中。

想好自己喜欢的花样后，花些时间织出样品，以检查织物是否像草图一样成功。

带着冒险的心理来完成这项任务，不要害怕去尝试新东西。毕竟斯堪的纳维亚设计本身就是新颖、有创造力的。

把思考和设计的笔记记在最终的图稿上。

提示

编织颜色变化间有许多针脚的大型花样时，在花样之间插入几针以缩短渡线。

3 测量尺寸

准确测量尺寸是成功的关键，所以要在草图上记录下所有至关重要的数据。编织毛衣需要记录以下数据：

· 胸围 (1)
· 背长，颈背到腰部或者臀部的长度 (2)
· 袖长，从手腕到腋下的长度 (3)
· 袖山高度 (4)
· 领口宽度 (5)
· 手腕周长 (6)
· 下摆周长 (7)

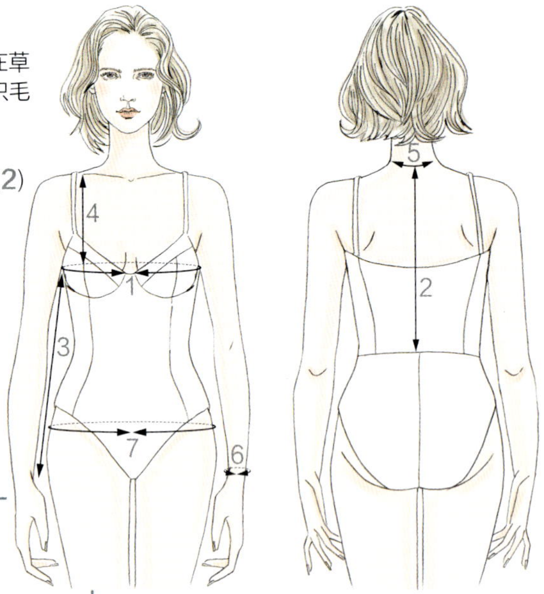

4 确定密度

使用作品中打算选用的那类毛线、针号和花样，编织一件足够大的样品（见14~15页）。

特别注意作品中的单色行。设计衣服的时候，单色行会比非单色行的密度稍大，所以需注意样品中单色行和浮线行的比例要与作品中的相同。这件密度样品会决定所有最终的计算结果。

改编已有的花样

比起从草稿开始设计一件全新的毛衣，改编已有的花样会是一个比较好的起点。更换花样，选择自己喜欢的色调，编织出独一无二的衣物的同时，也练习了一些斯堪的纳维亚设计的基础技法。

编织花样前可以先编织一件密度样品。如果换用了其他毛线，则使用该毛线编织样品，但仍使用作品中的图谱。如此可以感觉一下花样的效果，以及是否想把它改编后用于自己的作品。

在设计中改变毛线和花样时有以下三点需注意考虑：

密度： 替换的毛线编织出的作品密度应与说明中的完全相符。

花样重复： 为了让编织过程更轻松，应选择与衣物针数完全相同的花样。

行数： 所选花样的行数应与衣物长度相符。

样品针密度	10cm，32针
每厘米针数	3.2针
毛衣尺寸	胸围90cm
宽度所需总针数	3.2针 × 90 = 288针

5 确定宽度所需的针数

计算起针数，要把衣物宽度乘以2（因为以环形编织，要同时起够正面和背面所需的针数）。然后把这个数字乘以样品每厘米的针数。

比如，假设样品密度是10cm有32针，希望毛衣的胸围达到90cm，那么用90cm乘以3.2（1cm中的针数）。

样品行密度	10cm，32行
每厘米行数	3.2行
毛衣尺寸	长50cm
长度所需总行数	3.2行 × 50 = 160 行

6 确定长度所需的行数

把衣物所需长度乘以密度样品每厘米的行数得到所需的行数。比如，假设样品密度是10cm有32行，希望毛衣的长度是50cm，就把50cm乘以3.2（1cm中的行数）。

然后，重复这些计算，把草图中衣物所有部分的尺寸都算出来。

7 检查花样数据

选用的花样的重复次数应和总针数吻合。假设总针数为140：则可以使用每2，4，5，7，10，14以及20针重复一次的花样。同样，重复的行数也应与总长度相符。

如果花样重复的次数和总针数不吻合，则有以下选择：调整花样，选择另一个相似的花样，或更改衣物总针数，不过需确保不会让完成的衣物尺寸变化太大。

调整衣物的行数比较简单，因为在花样间增加平针行，或加上罗纹针行都是可行的。

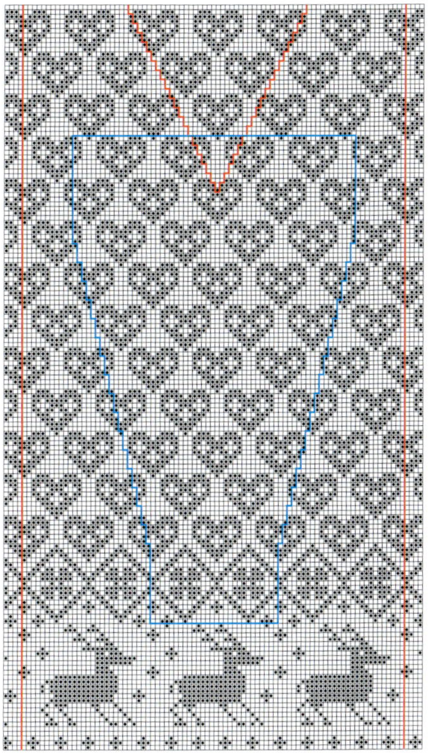

在坐标纸上绘出最终设计的图谱。红线表示领口位置，蓝线则是根据设计标明的袖子的形状及编织花样。

8 布置图形花样

想让图形居中，需要把图形的中心点放置在衣物前片的中心。如重复偶数次，则前后片上面的图形不会完全一样。这就需要在一圈开头的部分适当进行调整。如重复奇次数，则前后片上的图形重复完全一样，但肩膀处不匹配，可以在肩膀相接部位织“芝麻点”图形以掩盖不同。

垂直方向上的图形在肩膀部位应是一个完整图形，或者在图形正中结束。

9 设计定稿

最后，补上所有的调整和计算。使用正确的尺寸重画一次草图，并标明暗口位置及针数。在坐标纸上按正确的排列方式绘出图形花样定稿的图谱。在图谱边上贴上一段毛线也会很有帮助，标上色号，这样就能立刻知道什么时候应该用什么毛线。

调整针脚的重复

有时候，所选花样并不能和作品完全吻合，可通过调整针脚重复数以达到吻合。

比如花样106，每10行，14针重复一次，可以轻松地通过在心形之间增加较小的花样来调整（如右图所示）。

可在坐标纸上试着增减其他花样。

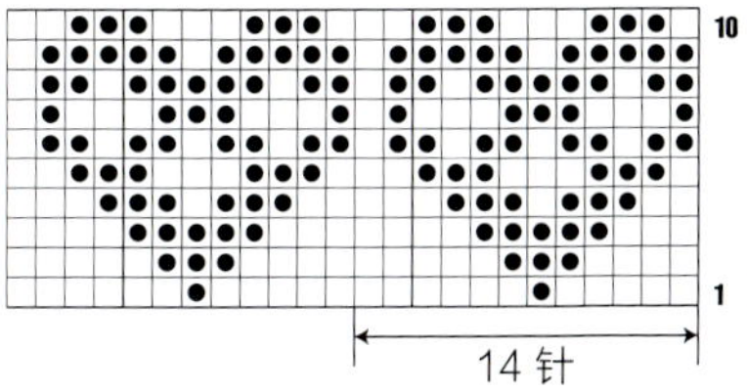

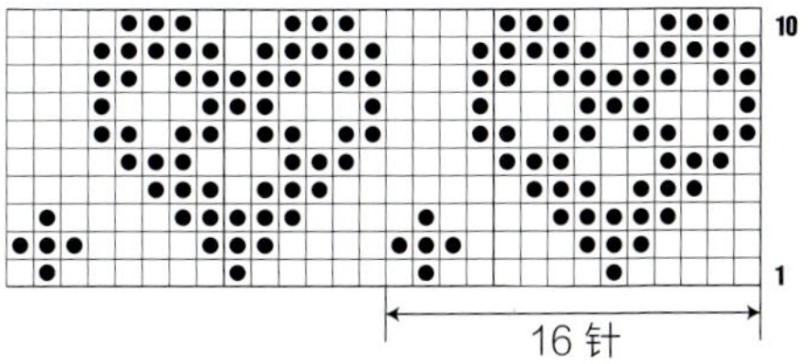

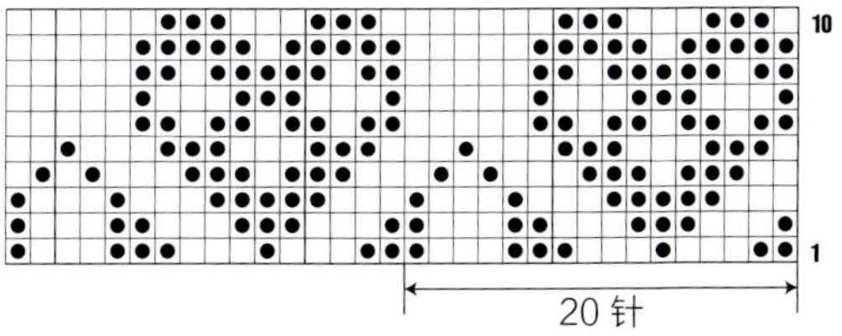

这件毛衣上的几何花样环绕在肩部，袖口，以及下摆。

花样图典

图典首先是索引部分，把书中所有花样都以彩色图片的形式并排陈列，方便查找。翻阅这几页可以寻找灵感，选择自己的设计，然后翻到相应页面开始编织选定的花样。

图典本身包括168个花样，每个花样都有与实物等大的高质量的照片及黑白图谱，基本都有彩色图谱，大部分附有颜色变换图谱。

48页

1
2
3
4

50页

5
6

51页

7
8

52页

9
10

54页

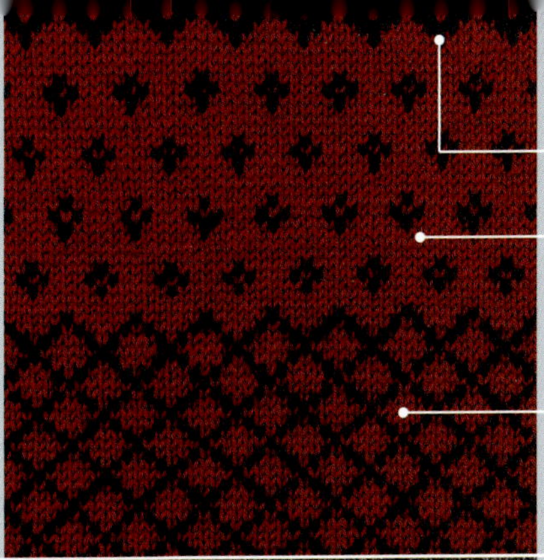

11
12
13

56页

14
15

58页

16
17

59页

18
19

60页

20

21

62页

22

23

24

64页

25

26

66页

27

28

29

30

31

68页

32

33

34

70页

35

36

37

38

39

72页

40

41

42

74页

43

44

45

76页

78页

80页

82页

84页

86页

88页

90页

92页

76
77
78

94页

79
80
81

96页

82
83
84
85

98页

86
87
88
89
90

100页

91
92
93
94

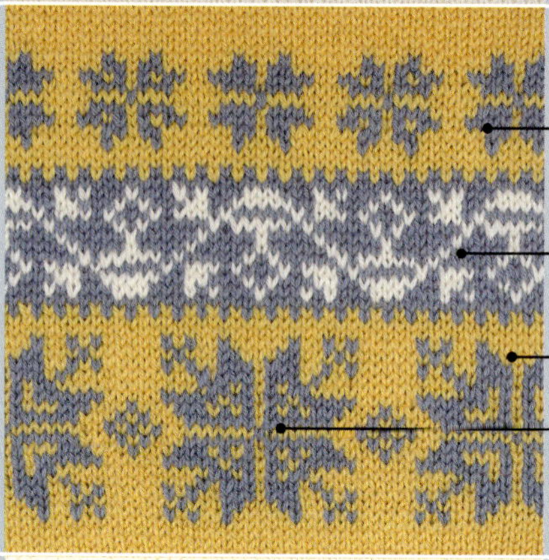

102页

95
96
97
98

104页

99
100
101
102

106页

103
104
105

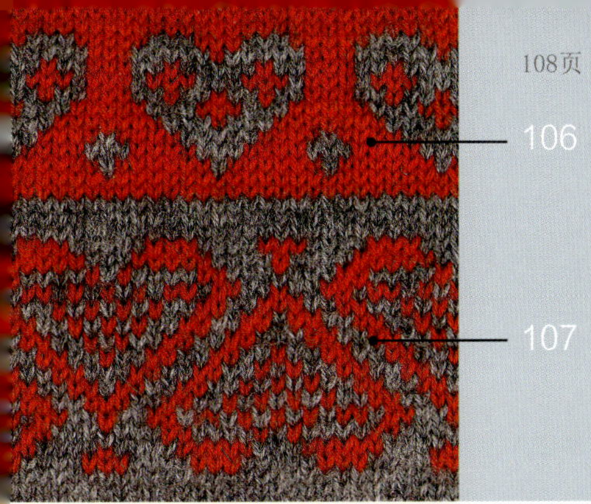
108页
106
107

110页
108
109
110

112页
111
112
113
114

114页
115
116

116页
117
118
119
120

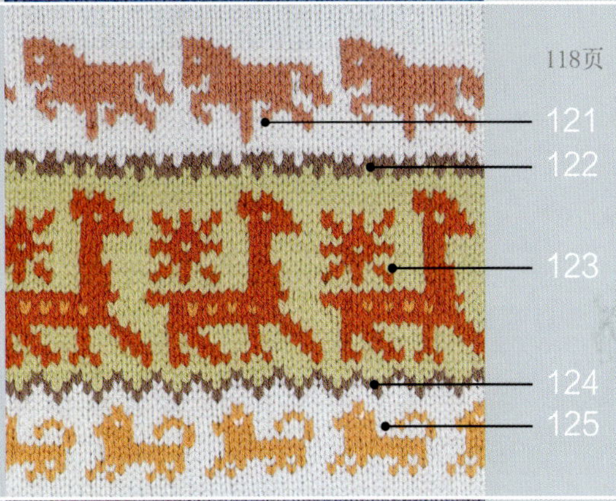
118页
121
122
123
124
125

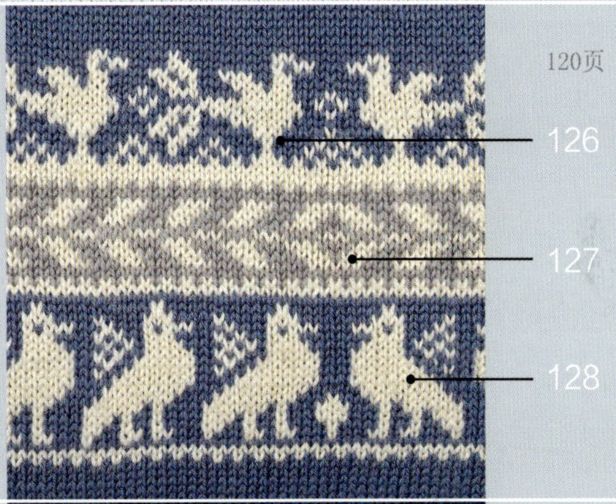
120页
126
127
128

122页
129
130
131
132

124页

133

134

135

126页

136

137

138

128页

139

140

130页

141

142

144

145

143

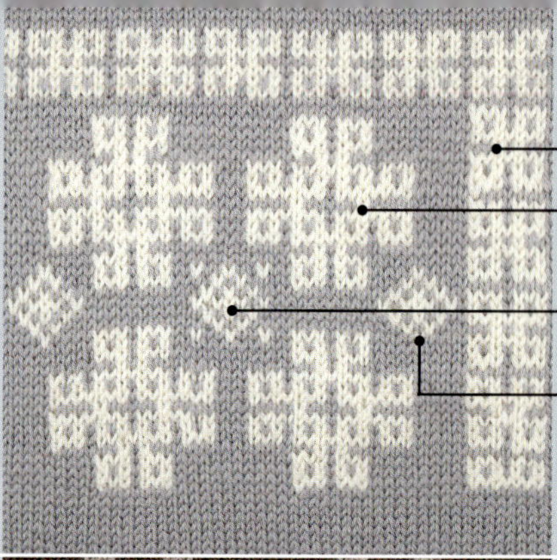

132页

146

147

148

149

134页

150

151

152

153

154

155

136页

156

157

158

159

160

138页

161

162

140页

163

142页

164

144页

165

146页

166

167

168

1

8行
7针

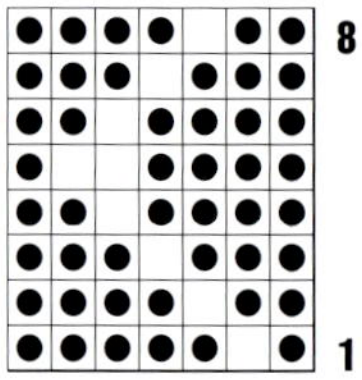

样品黑白图谱

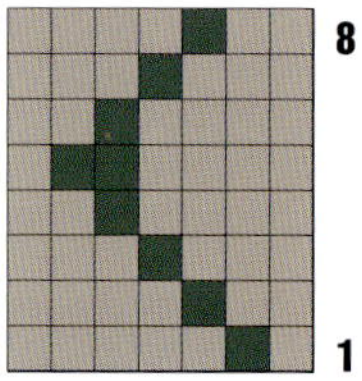

样品彩色图谱

颜色变换图谱

2

8行
7针

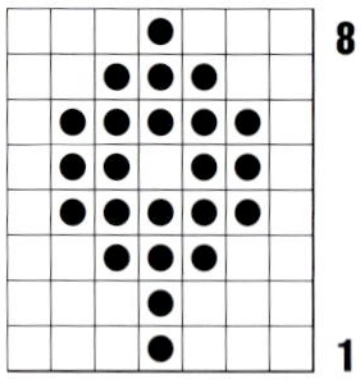

样品黑白图谱

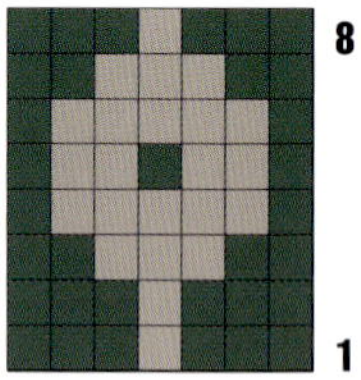

样品彩色图谱

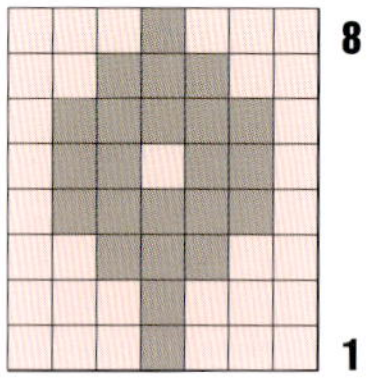

颜色变换图谱

3

12行
7针

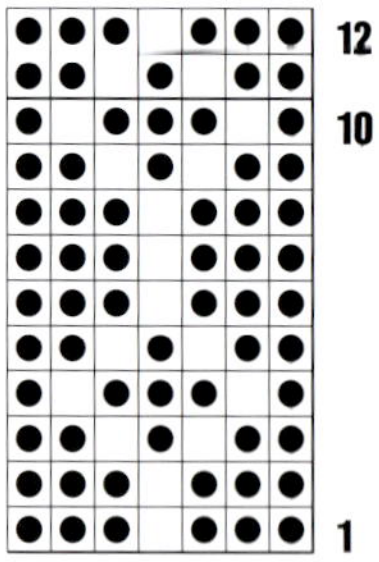

样品黑白图谱

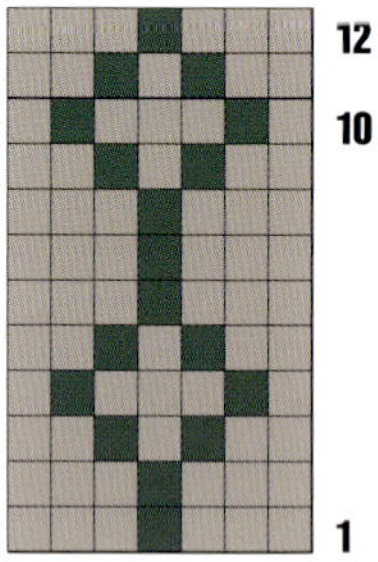

样品彩色图谱

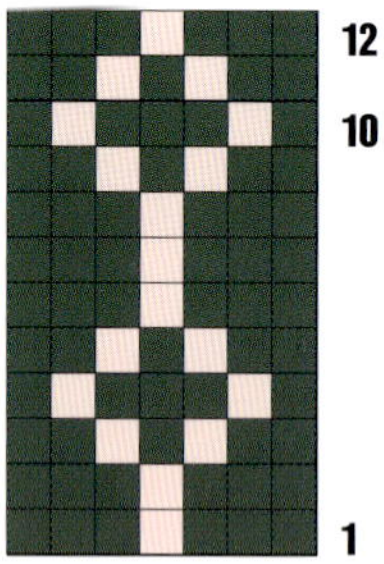

颜色变换图谱

4

12行
7针

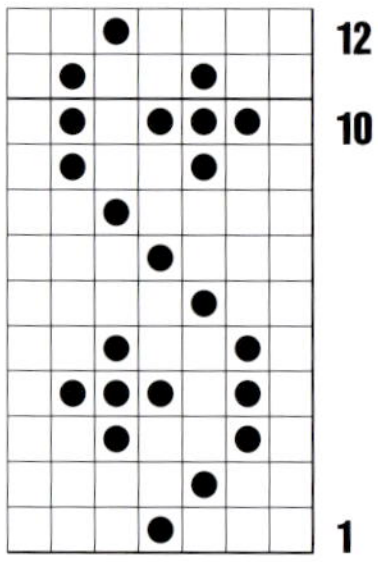

样品黑白图谱

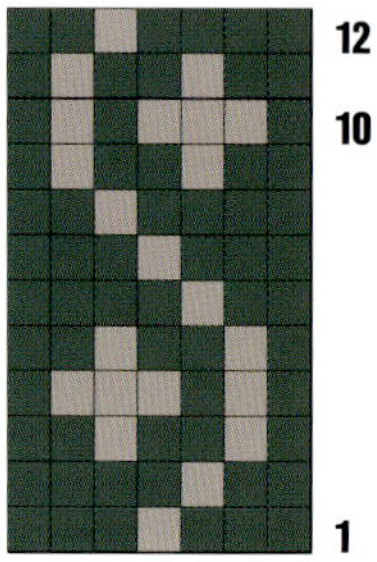

样品彩色图谱

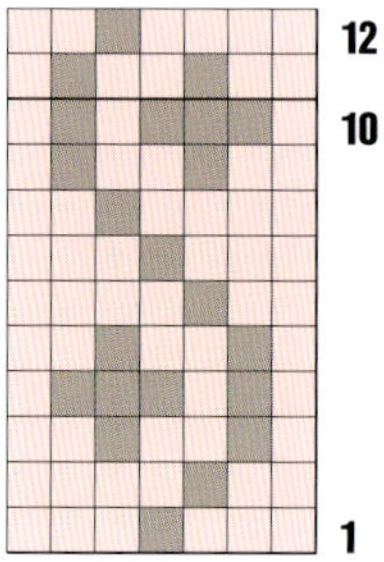

颜色变换图谱

5

5 行
10 针

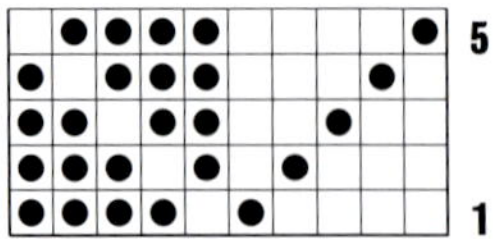

样品黑白图谱

样品彩色图谱

颜色变换图谱

6

10 行
10 针

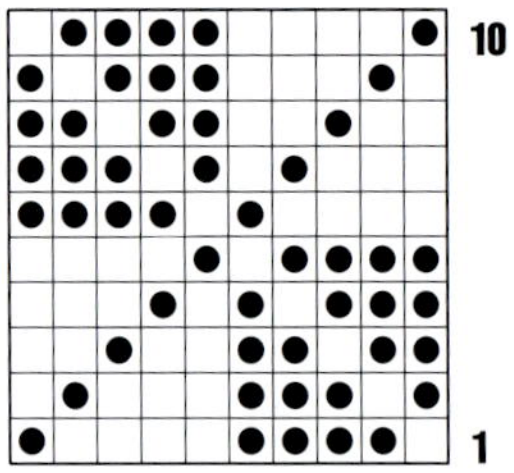

样品黑白图谱

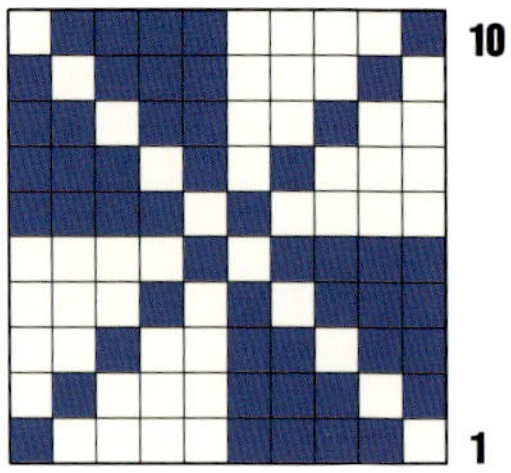

样品彩色图谱

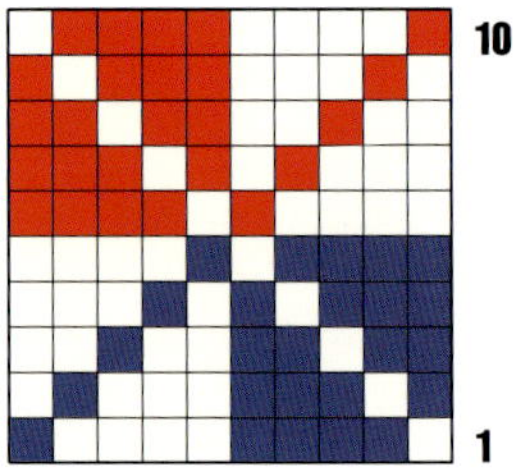

颜色变换图谱

7

4行
8针

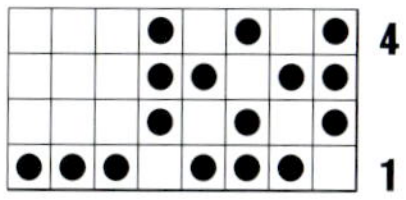

样品黑白图谱

样品彩色图谱

颜色变换图谱

8

6行
8针

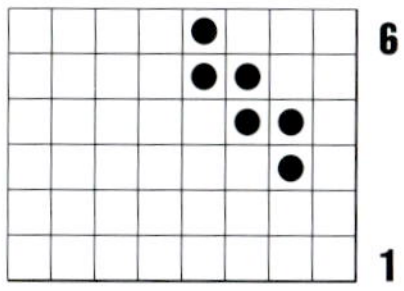

样品黑白图谱

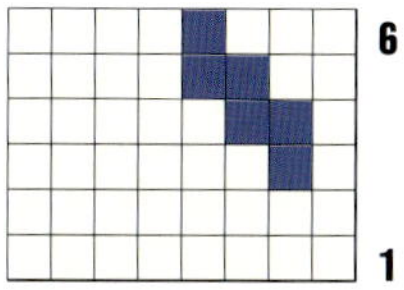

样品彩色图谱

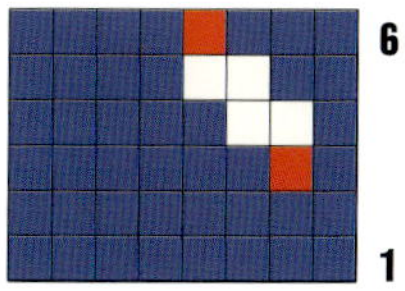

颜色变换图谱

9

8行
8针

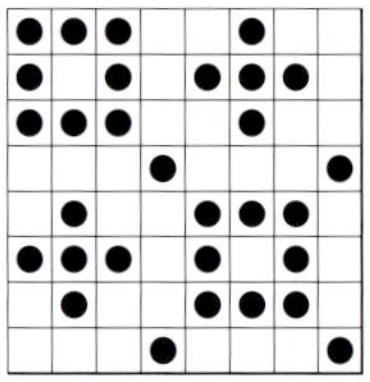
8
1

样品黑白图谱

8
1

样品彩色图谱

8
1

颜色变换图谱

10

8行
8针

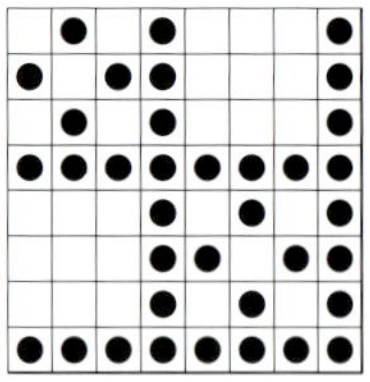
8
1

样品黑白图谱

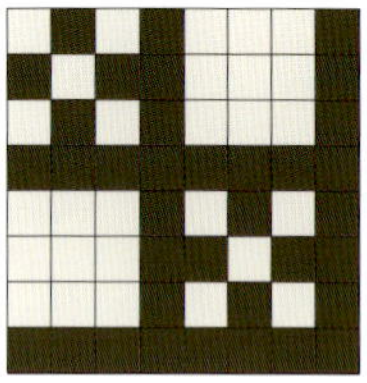
8
1

样品彩色图谱

8
1

颜色变换图谱

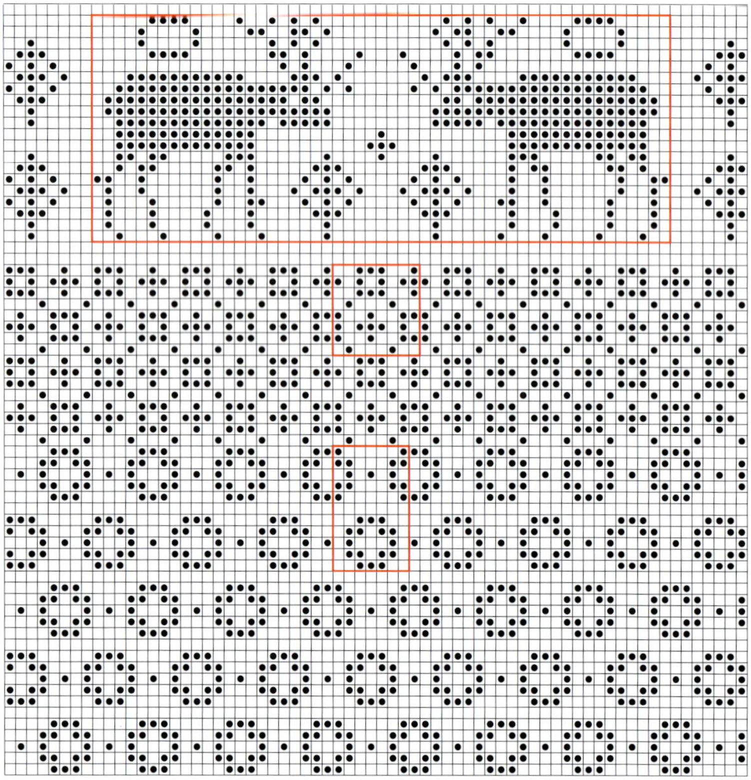

花样搭配 140 + 9 + 9

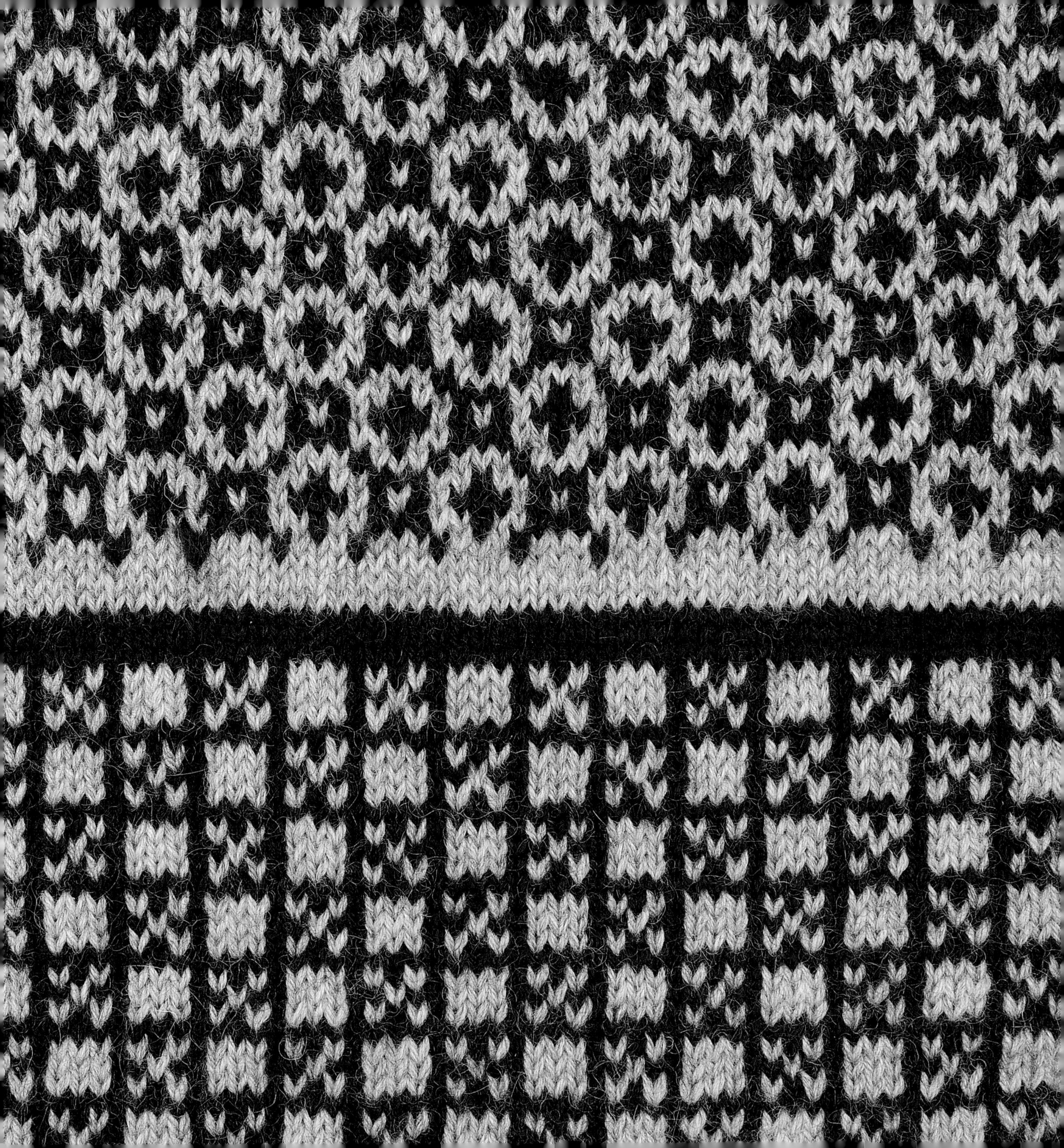

11

8行
6针

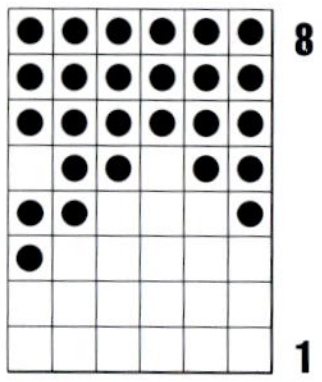

样品黑白图谱

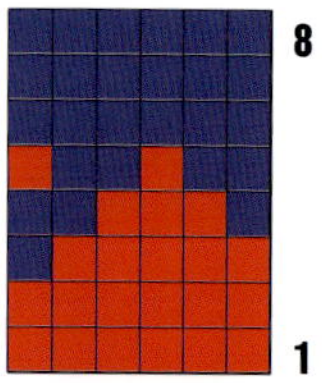

样品彩色图谱

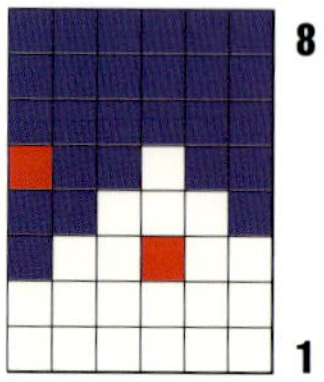

颜色变换图谱

12

12行
6针

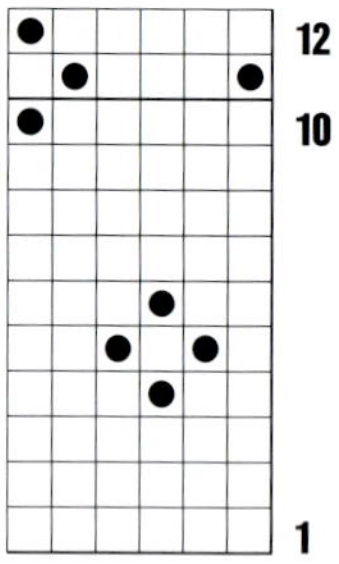

样品黑白图谱

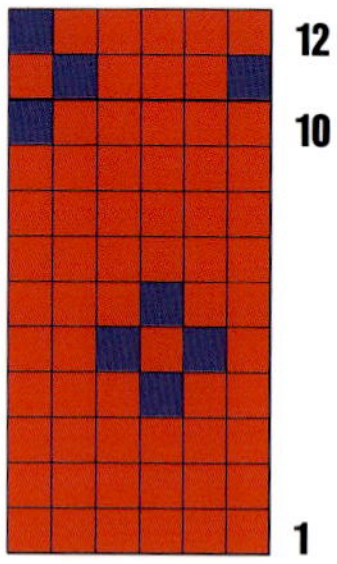

样品彩色图谱

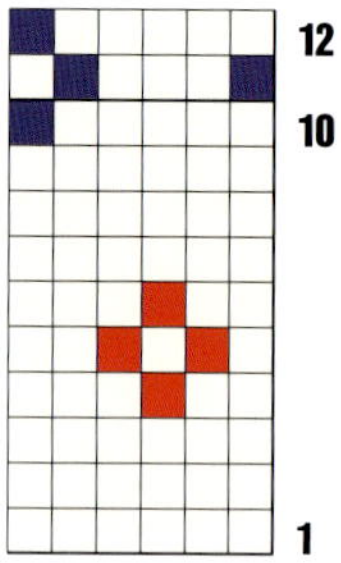

颜色变换图谱

13

6行
6针

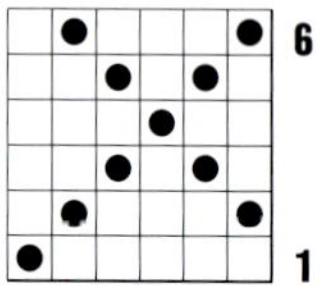

样品黑白图谱

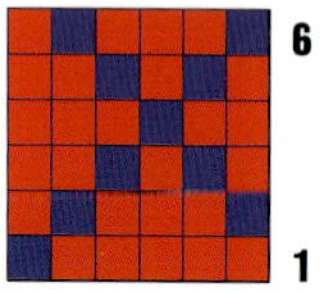

样品彩色图谱

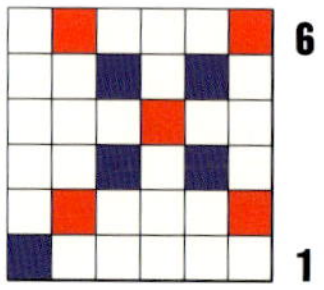

颜色变换图谱

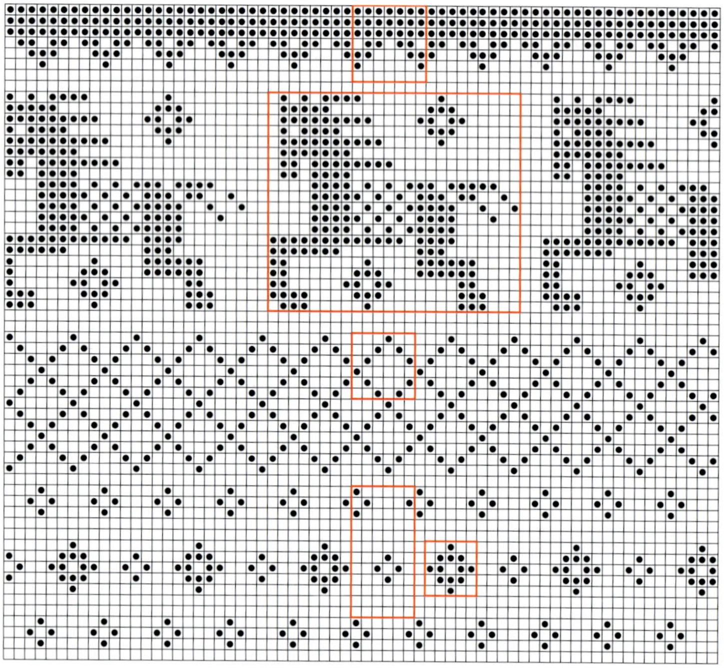

花样搭配
11 + 138 + 13 + 12

14

10行
12针

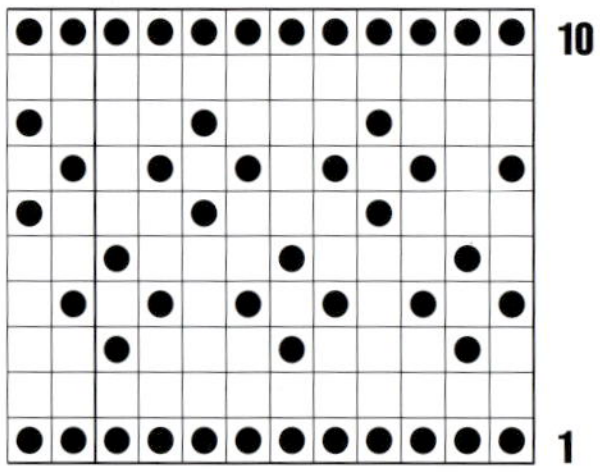

样品黑白图谱

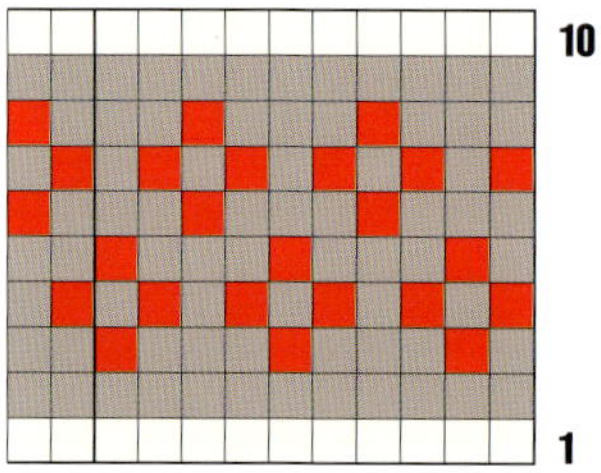

样品彩色图谱

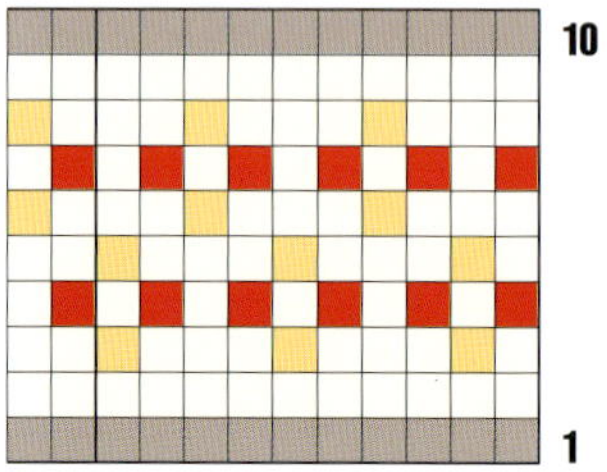

颜色变换图谱

15

13行
11针

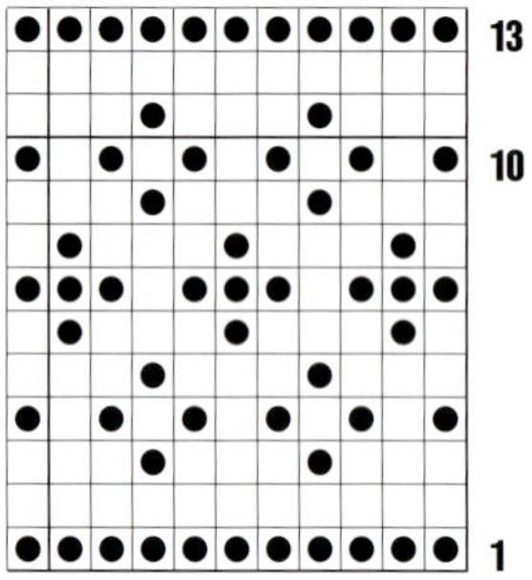

样品黑白图谱

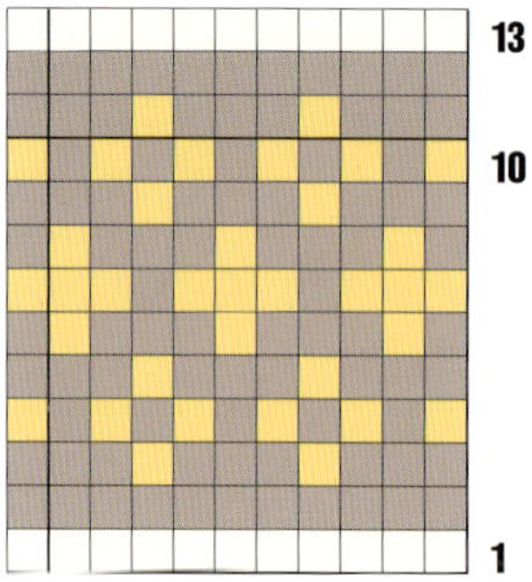

样品彩色图谱

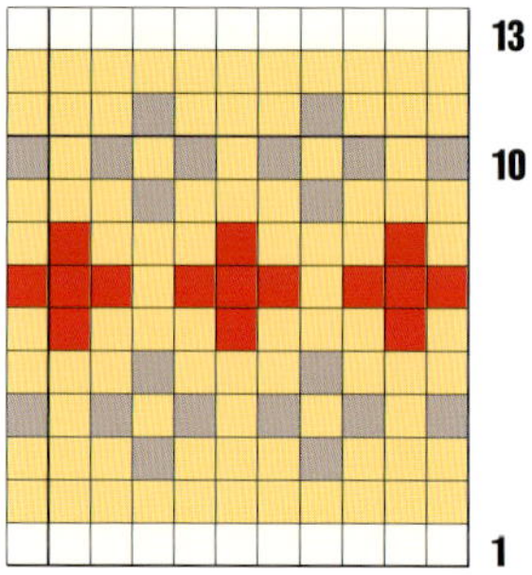

颜色变换图谱

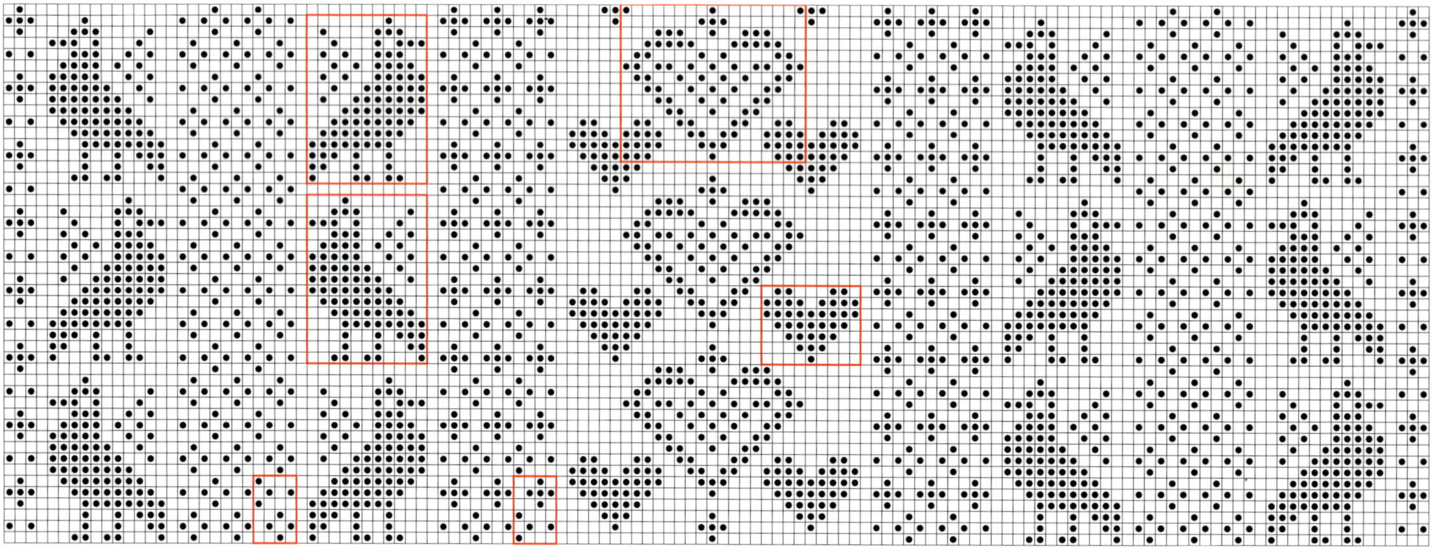

花样搭配 14 + 128 + 15 + 65

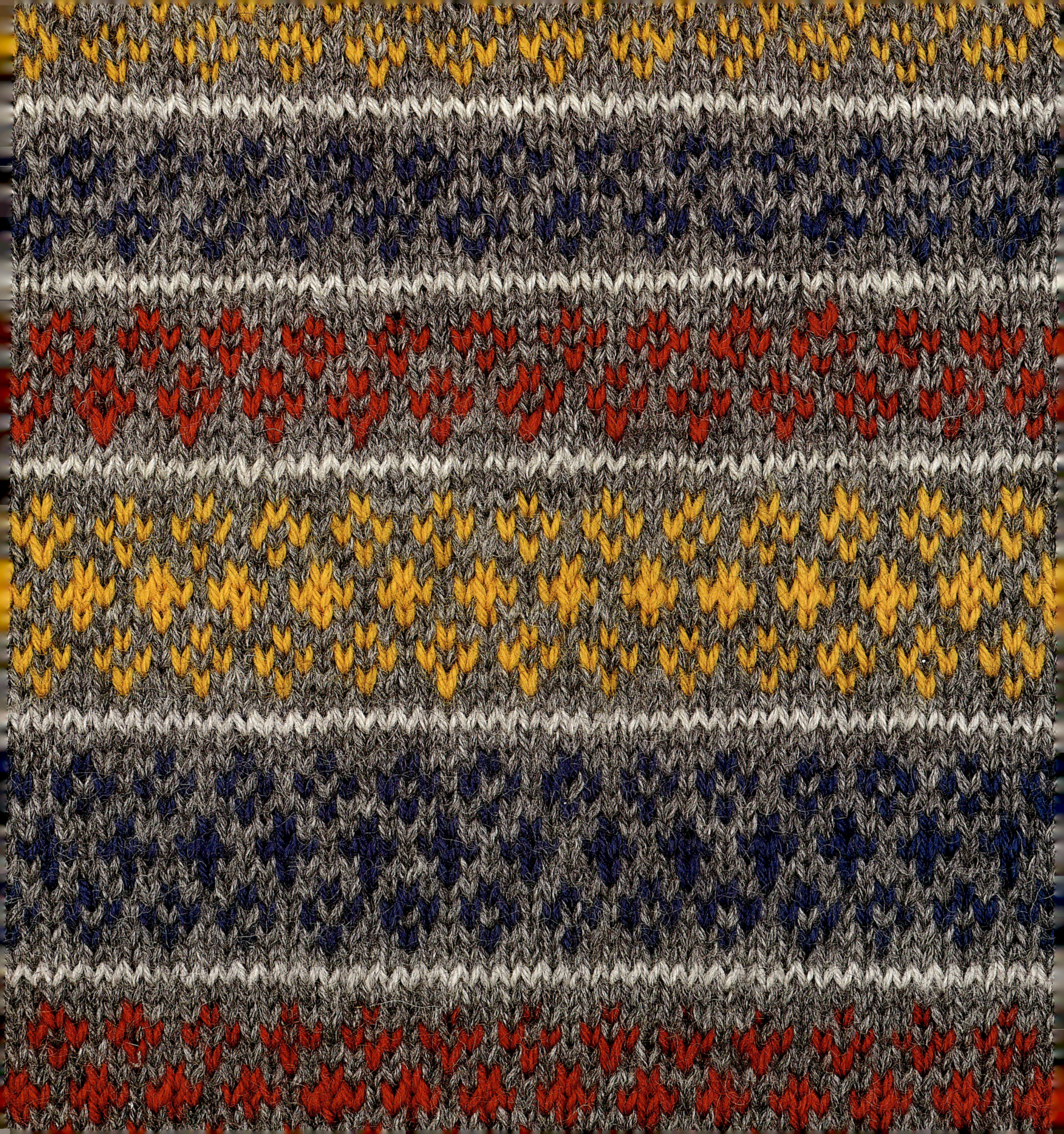

16

7行
6针

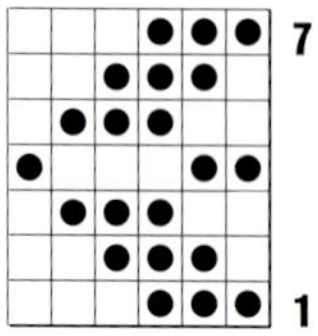

样品黑白图谱

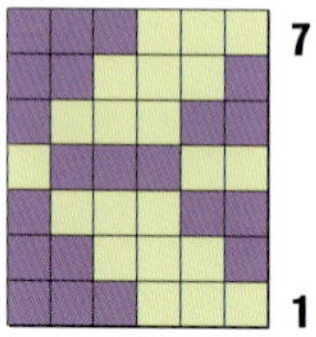

样品彩色图谱

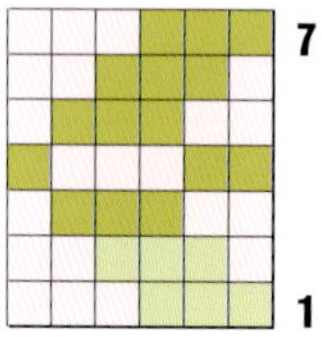

颜色变换图谱

17

9行
12针

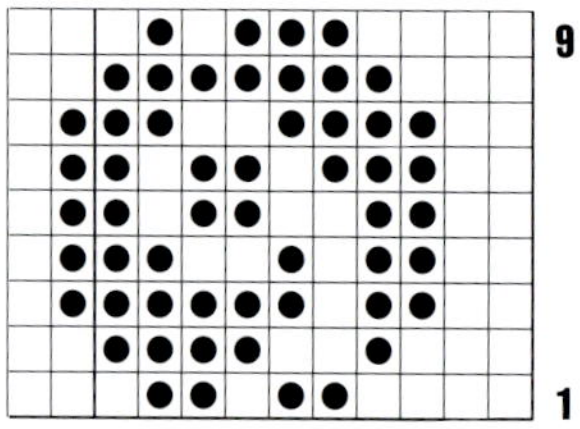

样品黑白图谱

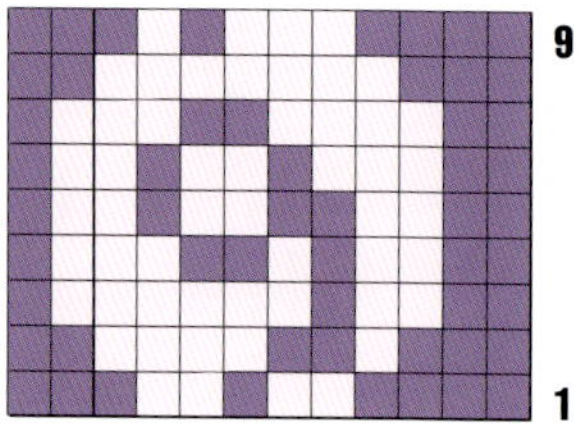

样品彩色图谱

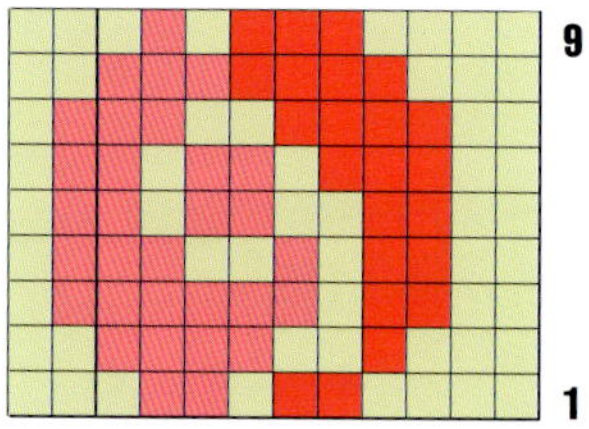

颜色变换图谱

18

8行
8针

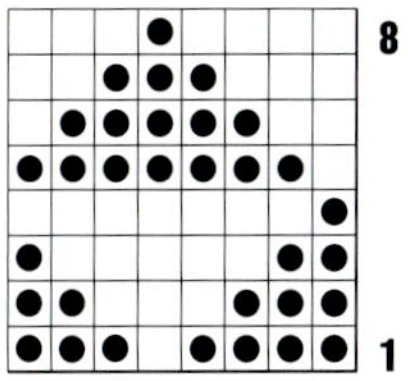

样品黑白图谱

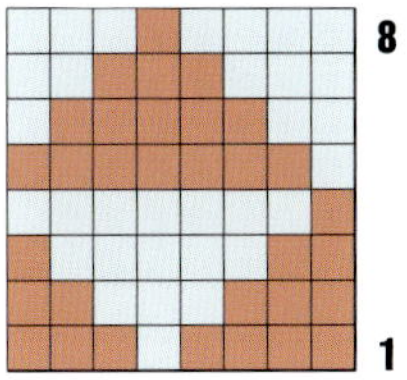

样品彩色图谱

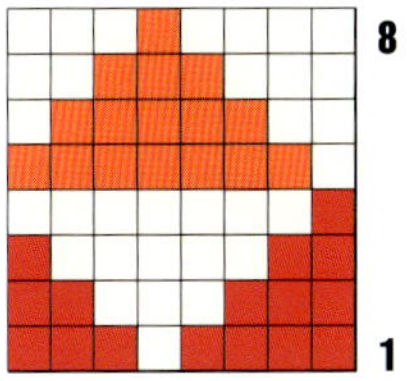

颜色变换图谱

19

8行
8针

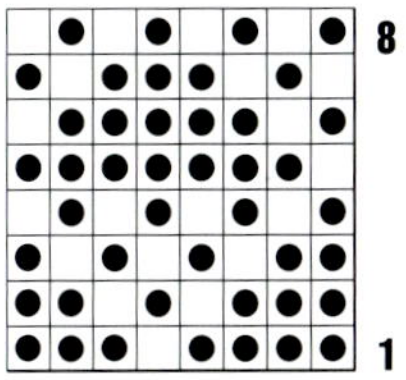

样品黑白图谱

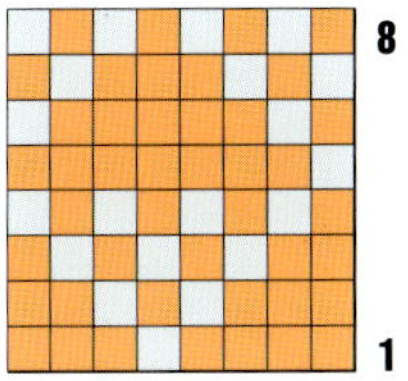

样品彩色图谱

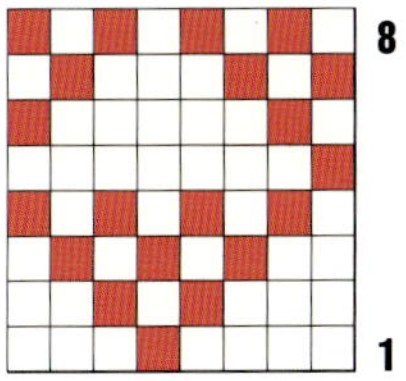

颜色变换图谱

20

16行
14针

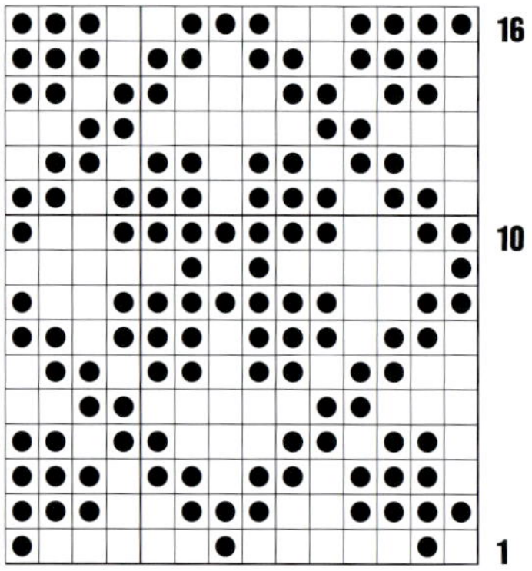

样品黑白图谱

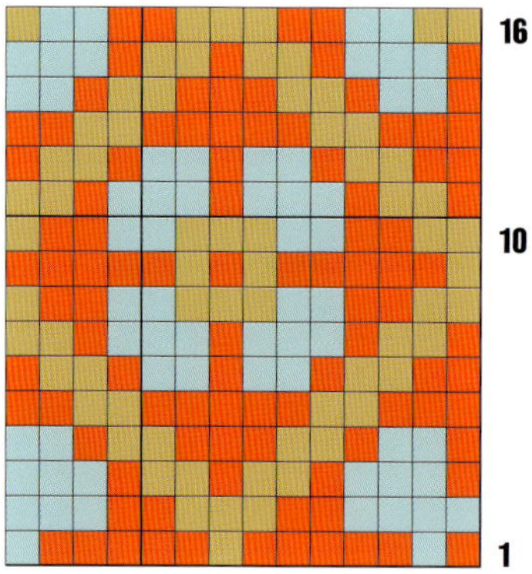

样品彩色图谱

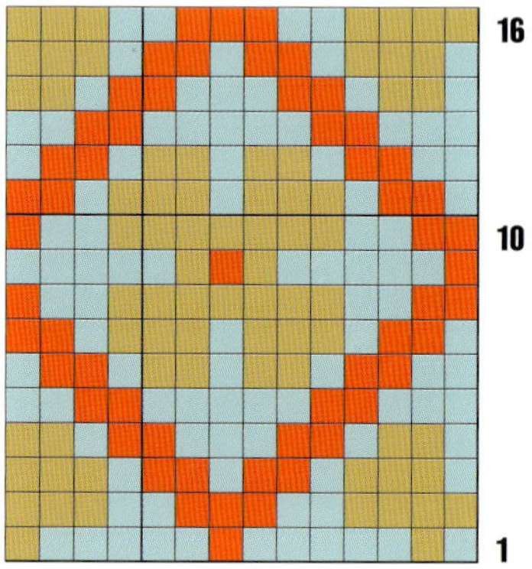

颜色变换图谱

21

2行
4针

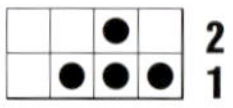

样品黑白图谱

样品彩色图谱

颜色和行重复变化图谱

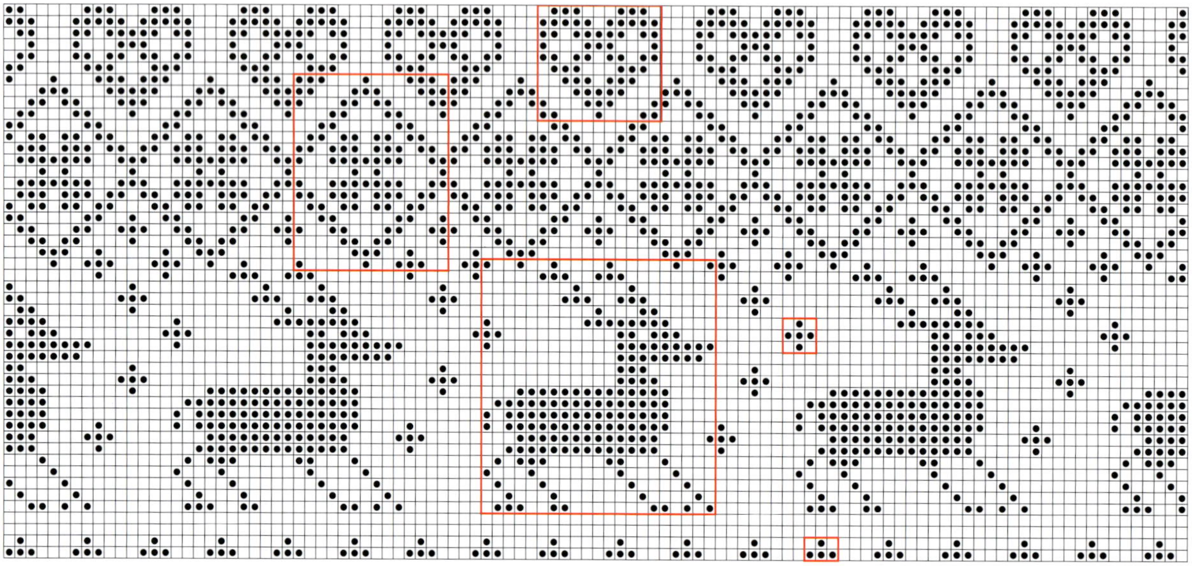
搭配花样 106 + 20 + 135 + 92 + 21

22

6行
6针

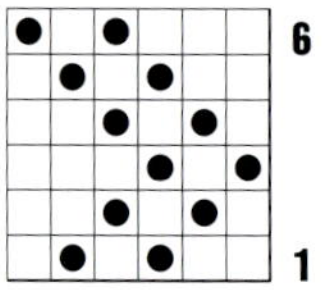

样品黑白图谱

样品彩色图谱

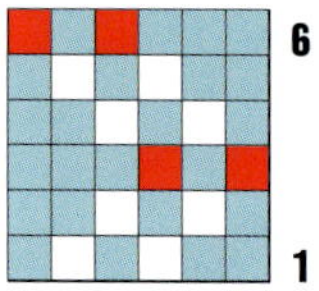

颜色变换图谱

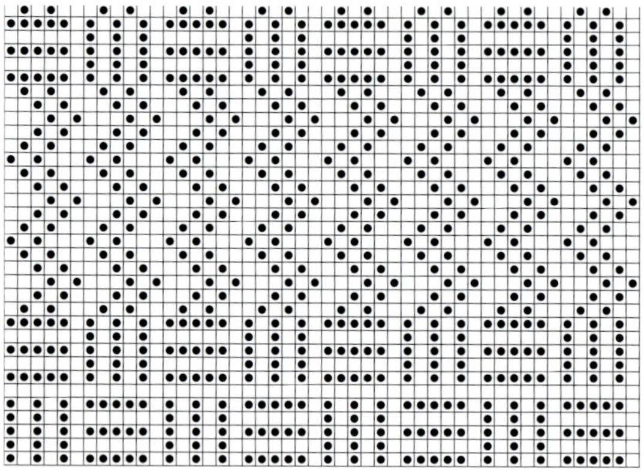
花样搭配 22 + 24

23

19行
14针

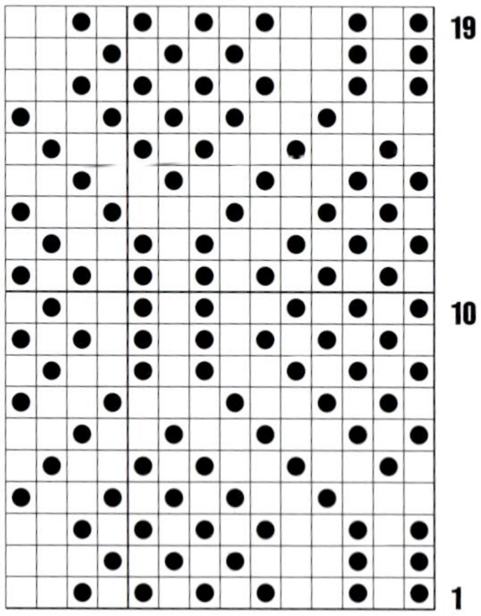

样品黑白图谱

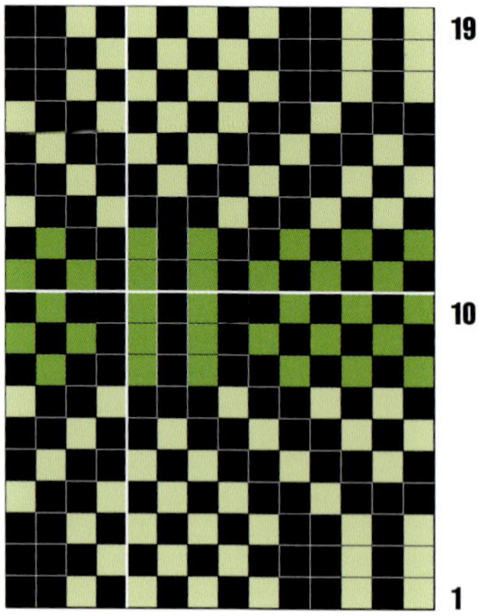

样品彩色图谱

颜色变换图谱

24

12行
12针

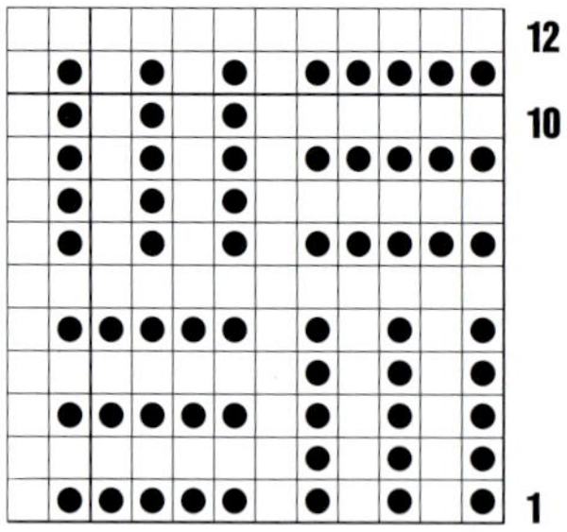

样品黑白图谱

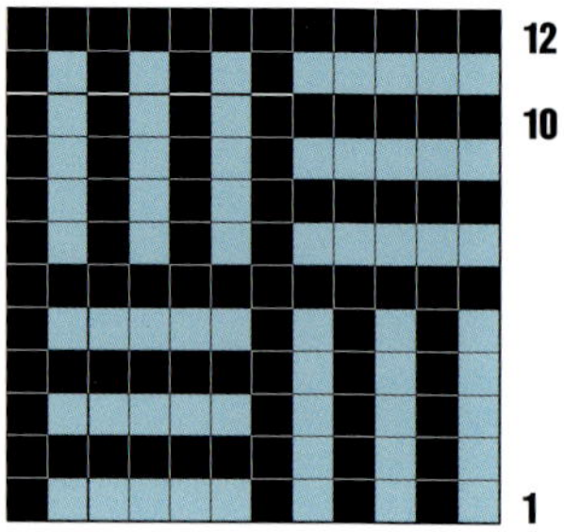

样品彩色图谱

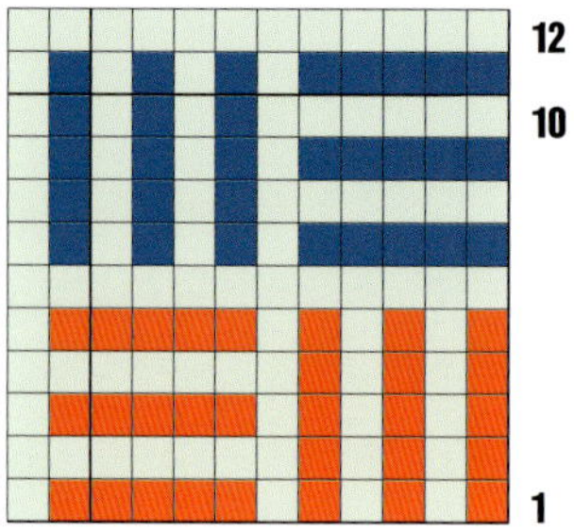

颜色变换图谱

25

27 行
18 针

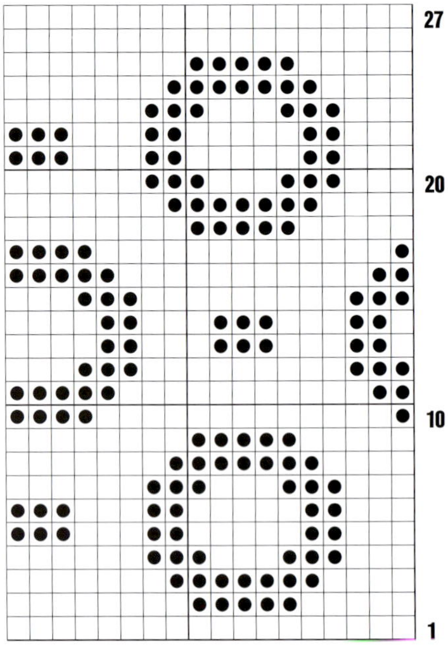

样品黑白图谱

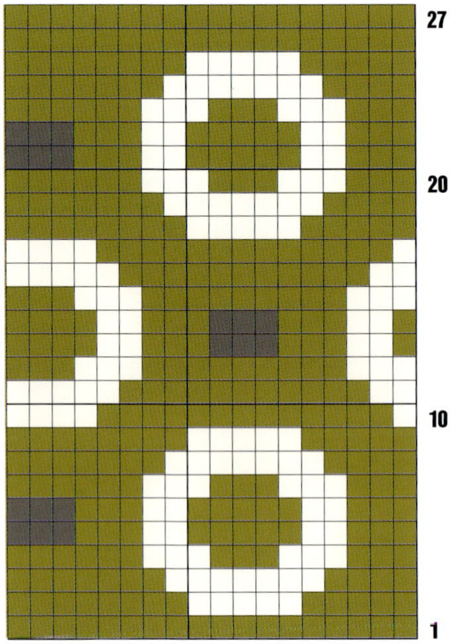

样品彩色图谱

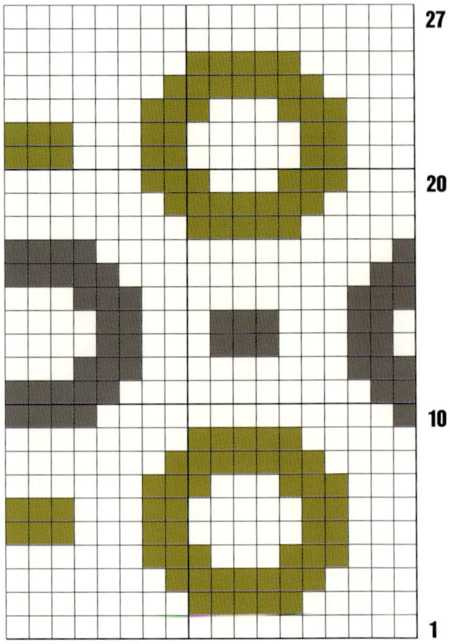

颜色变换图谱

26

24 行
6 针

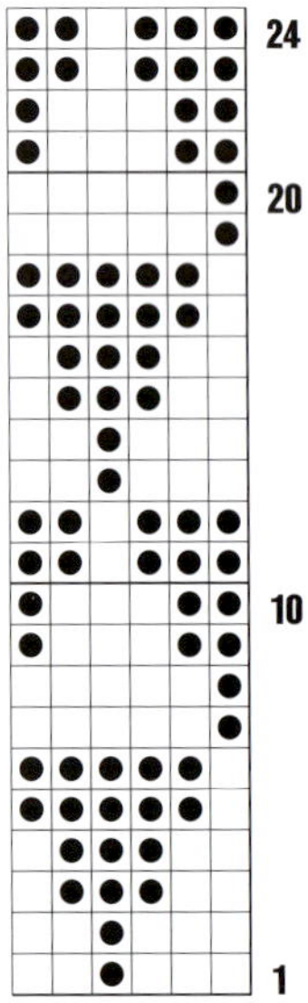

样品黑白图谱

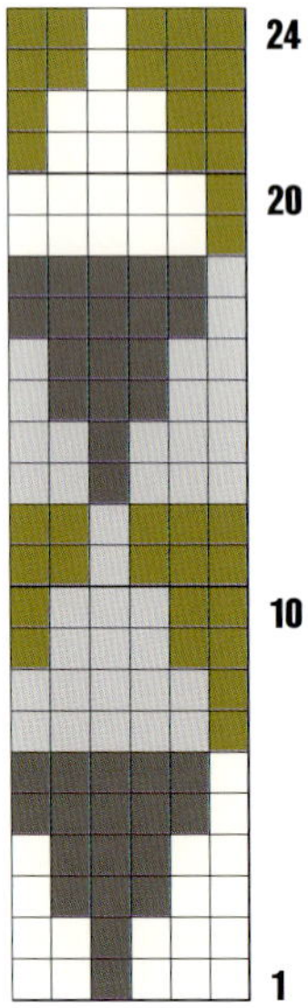

样品彩色图谱

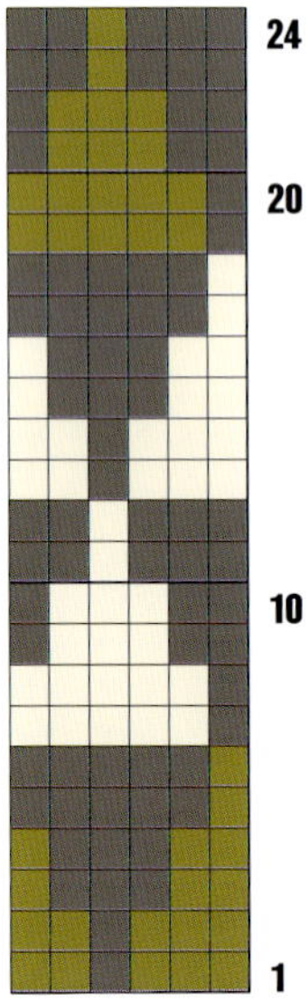

颜色变换图谱

27

3行
6针

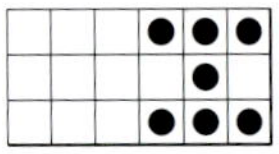

样品黑白图谱

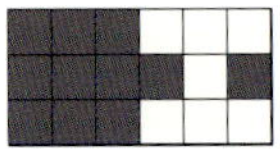

样品彩色图谱

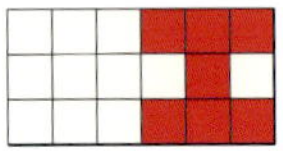

颜色变换图谱

28

2行
4针

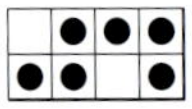

样品黑白图谱

样品彩色图谱

颜色变换图谱

29

9行
10针

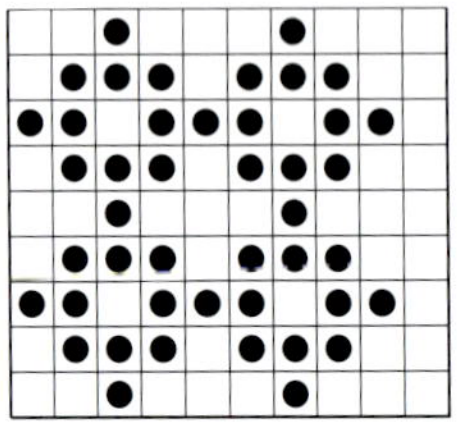

样品黑白图谱

样品彩色图谱

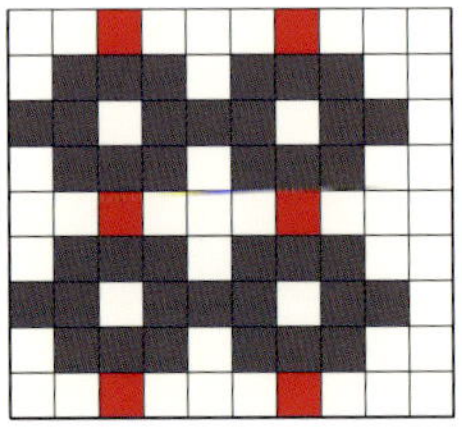

颜色变换图谱

30

9行
10针

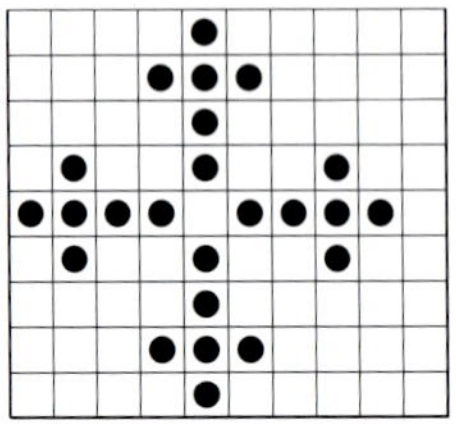

样品黑白图谱

样品彩色图谱

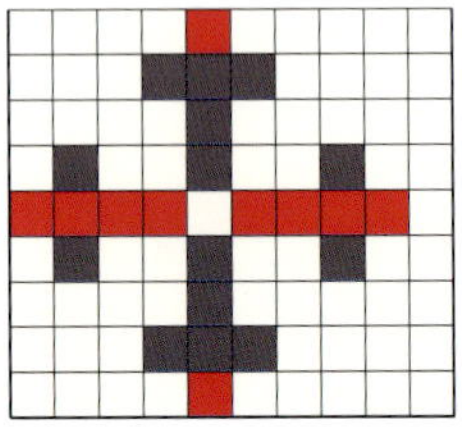

颜色变换图谱

31

3行
6针

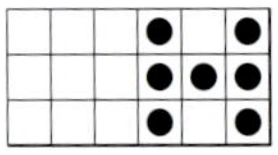

样品黑白图谱

样品彩色图谱

颜色变换图谱

32

15 行
16 针

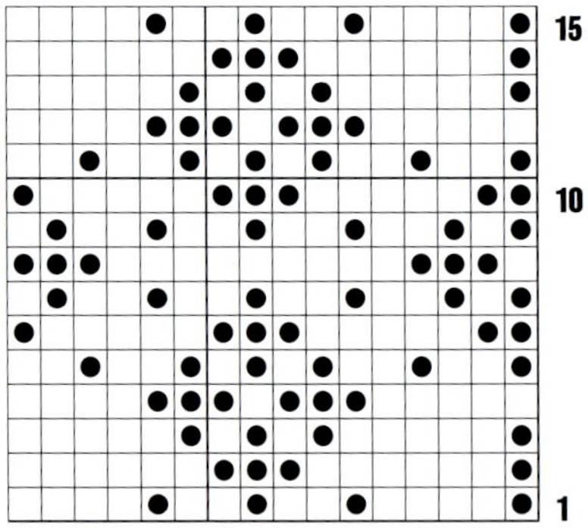

样品黑白图谱

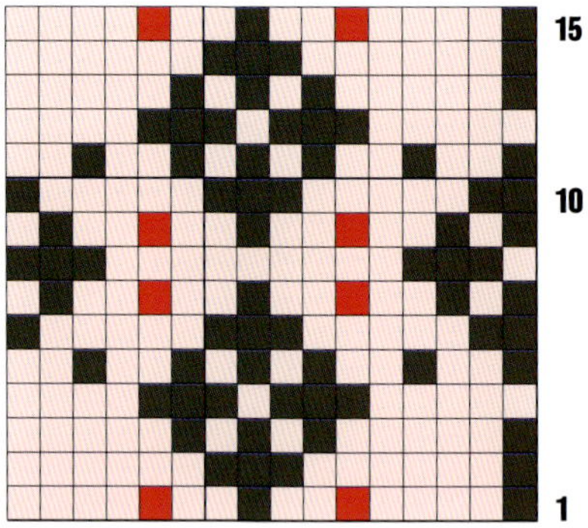

样品彩色图谱

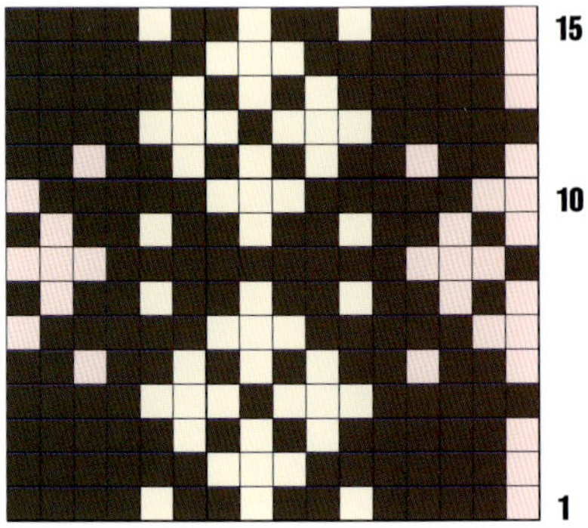

颜色变换图谱

33

12 行
8 针

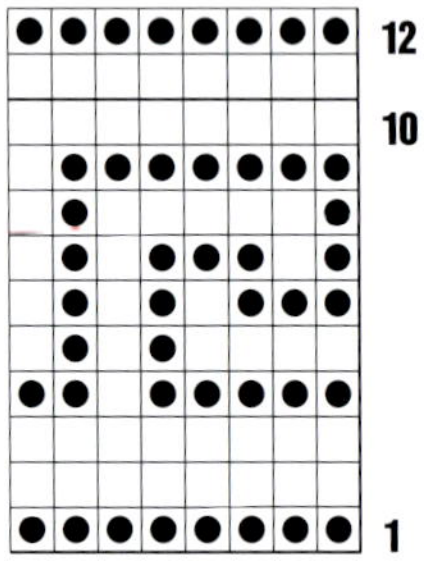

样品黑白图谱

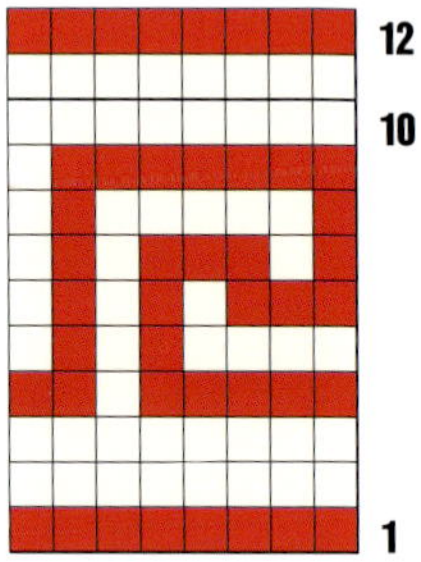

样品彩色图谱

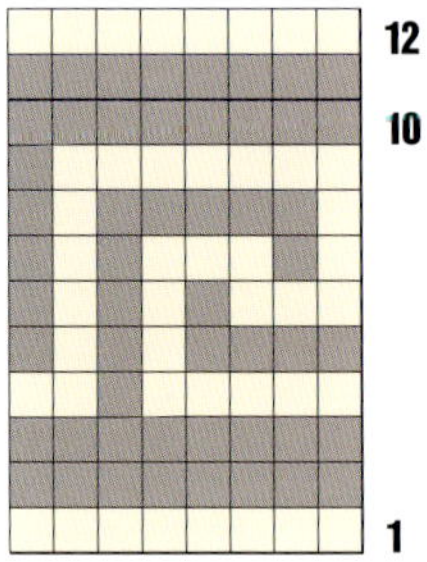

颜色变换图谱

34

17 行
12 针

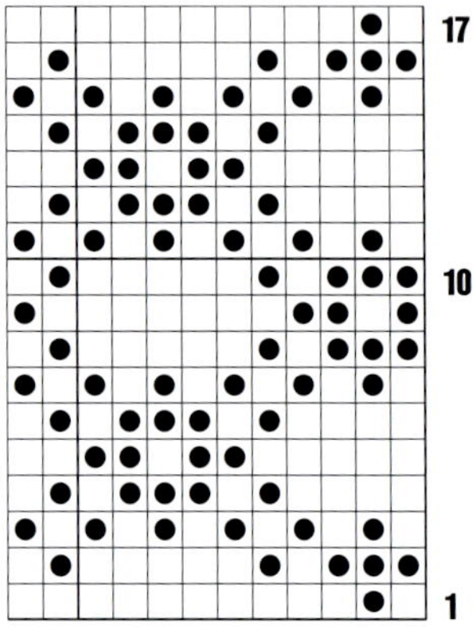

样品黑白图谱

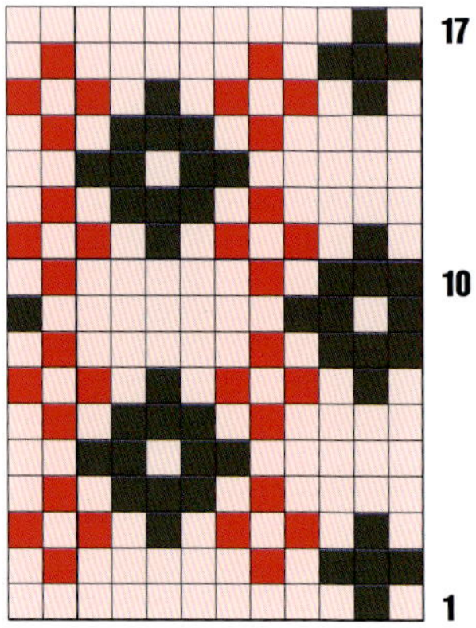

样品彩色图谱

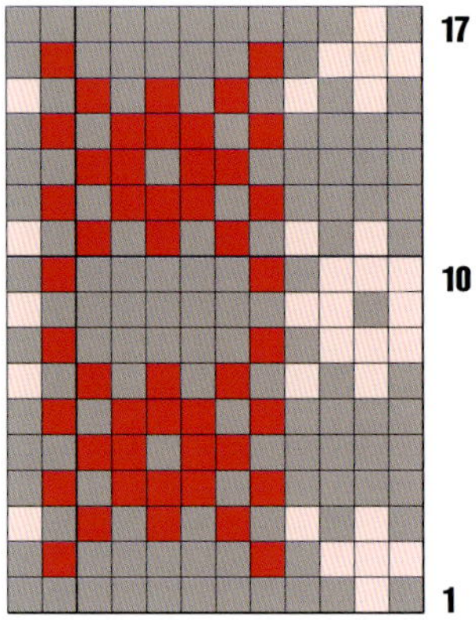

颜色变换图谱

35

8行
16针

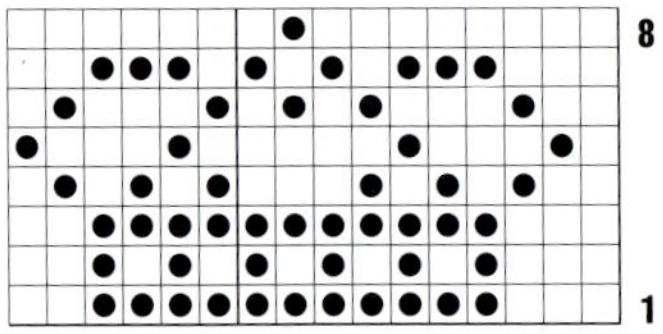

样品黑白图谱

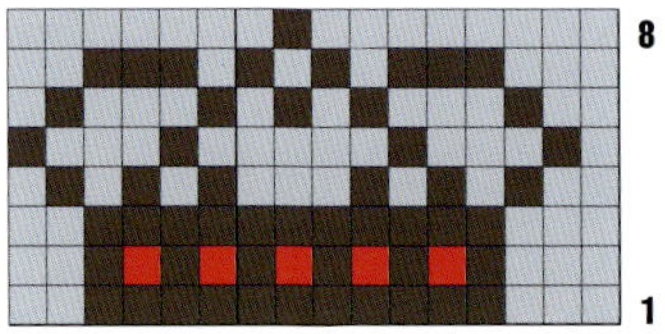

样品彩色图谱

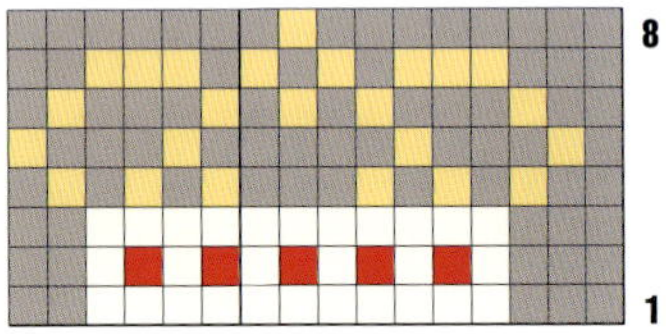

颜色变换图谱

36

8行
14针

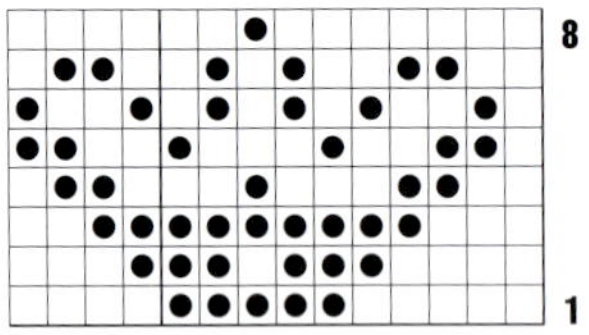

样品黑白图谱

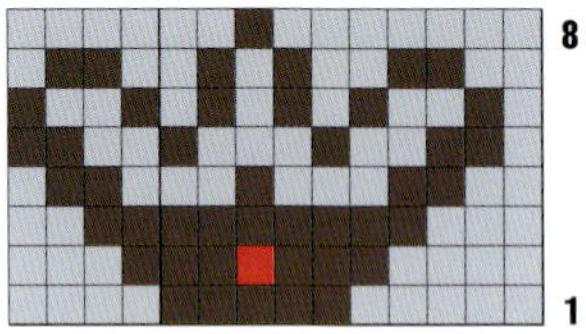

样品彩色图谱

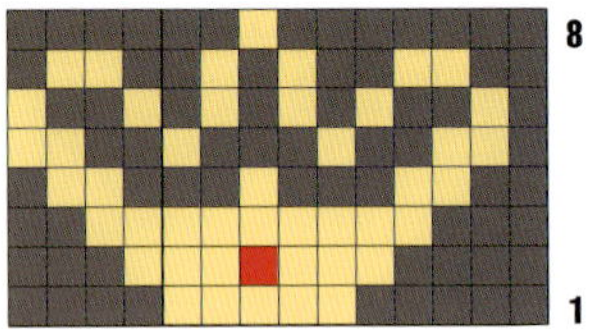

颜色变换图谱

37

17行
10针

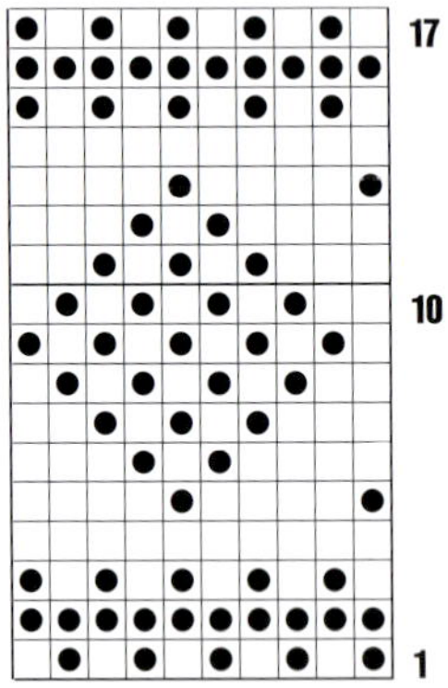

样品黑白图谱

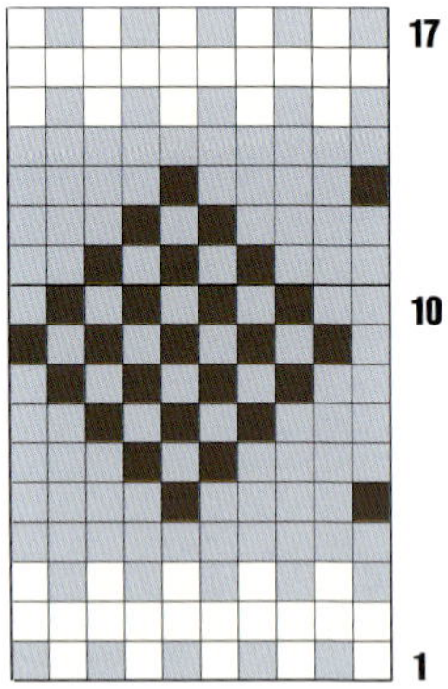

样品彩色图谱

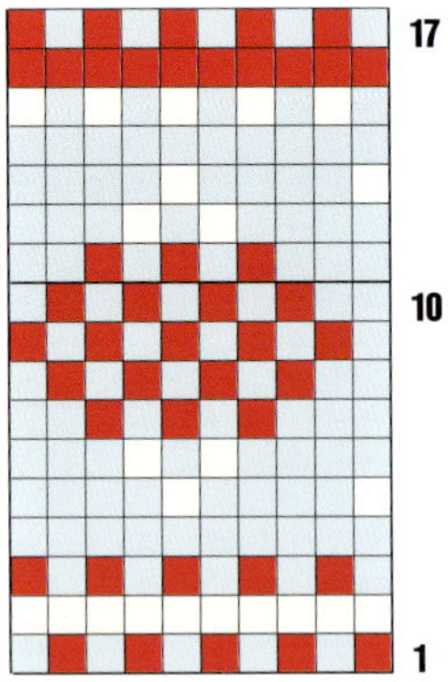

颜色变换图谱

38

7行
23针

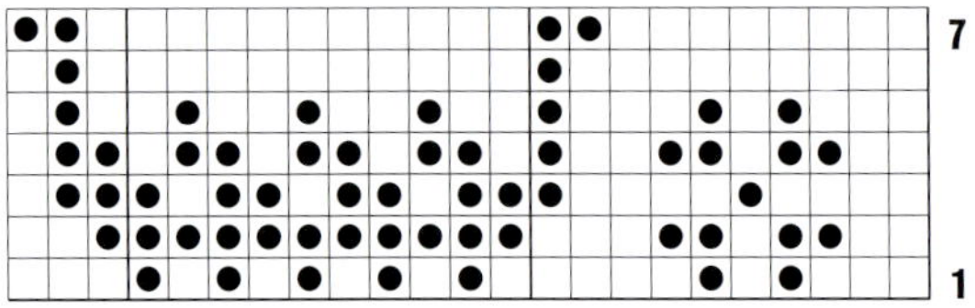

样品黑白图谱

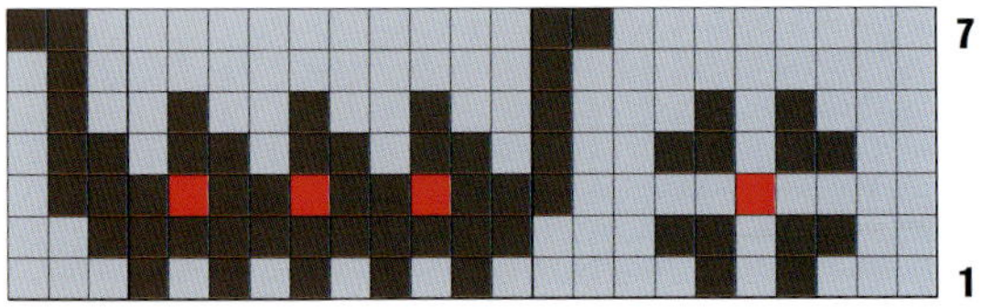

样品彩色图谱

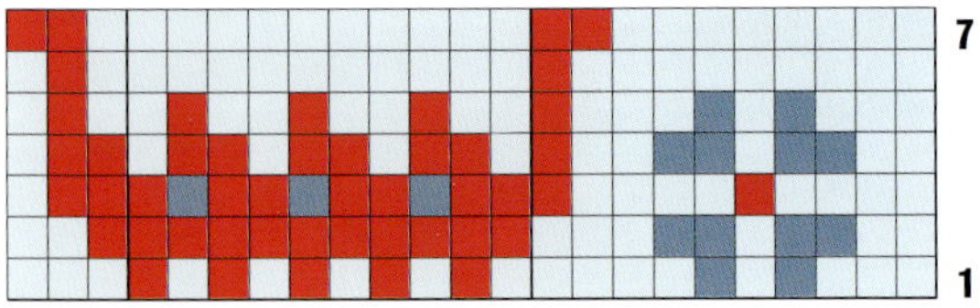

颜色变换图谱

39

6行
7针

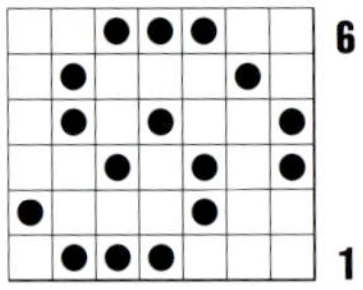

样品黑白图谱

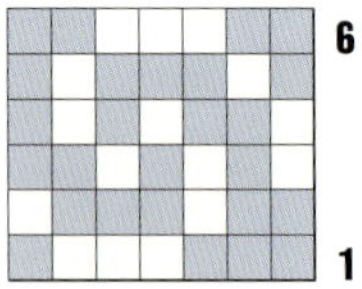

样品彩色图谱

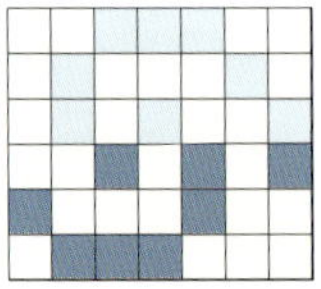

颜色变换图谱

40

7行
9针

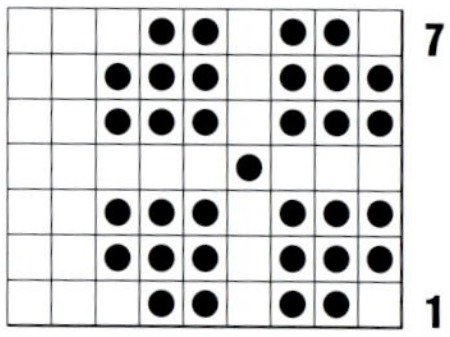

样品黑白图谱

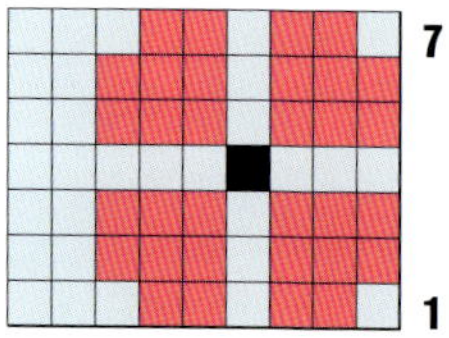

样品彩色图谱

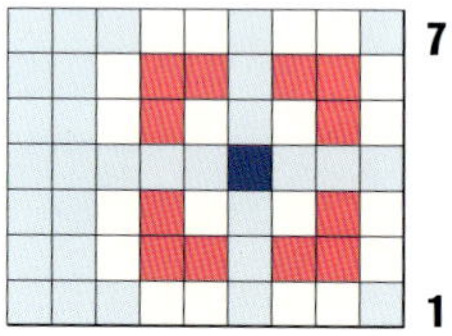

颜色变换图谱

41

16行
13针

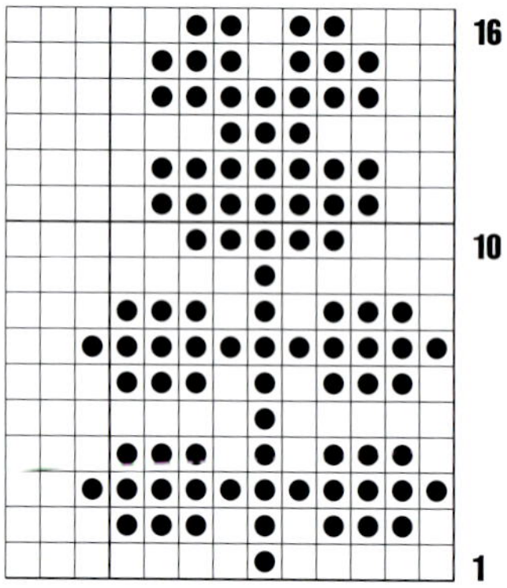

样品黑白图谱

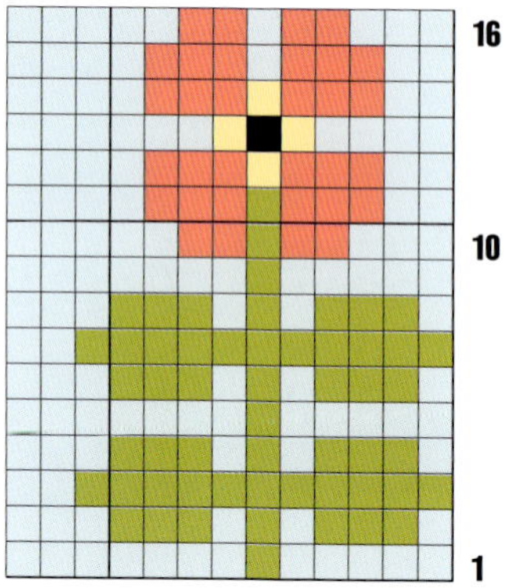

样品彩色图谱

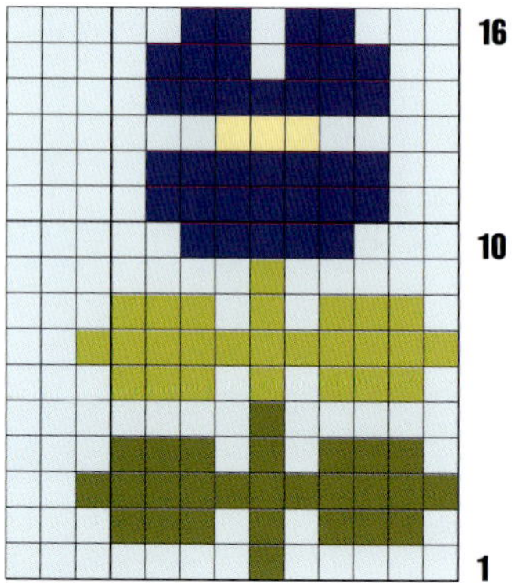

颜色变换图谱

42

13行
20针

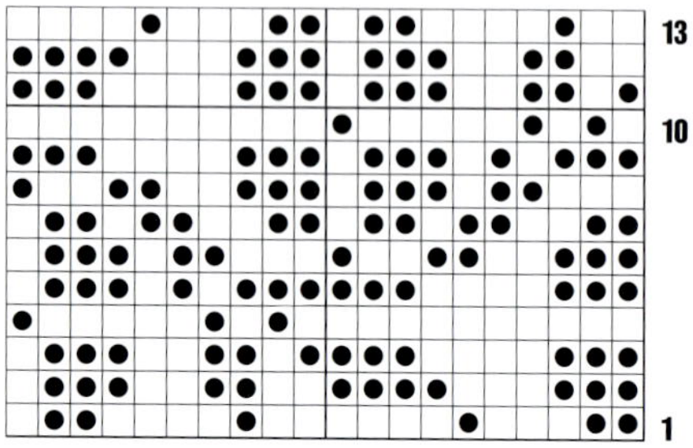

样品黑白图谱

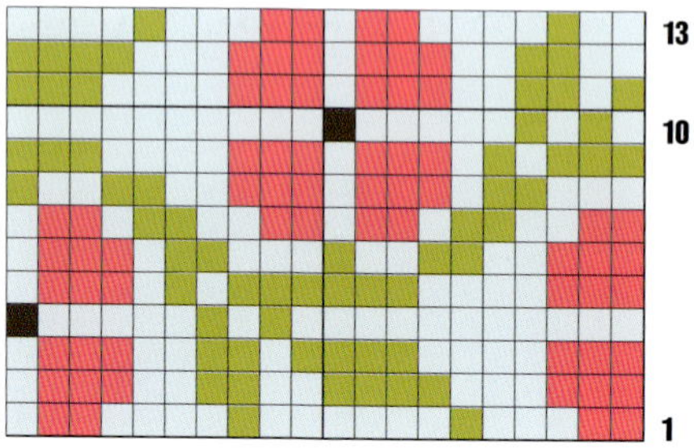

样品彩色图谱

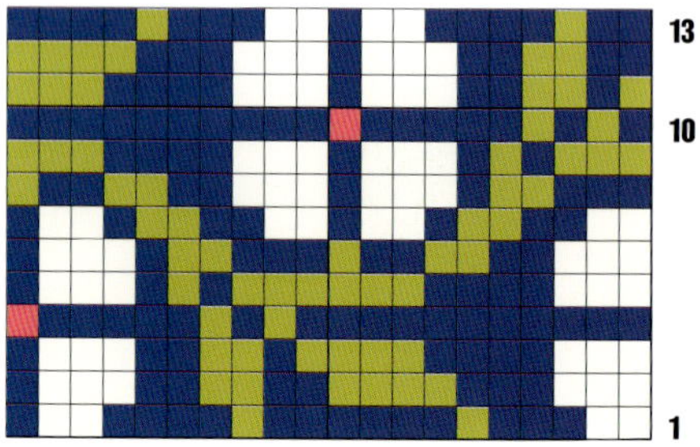

颜色变换图谱

43

13行
16针

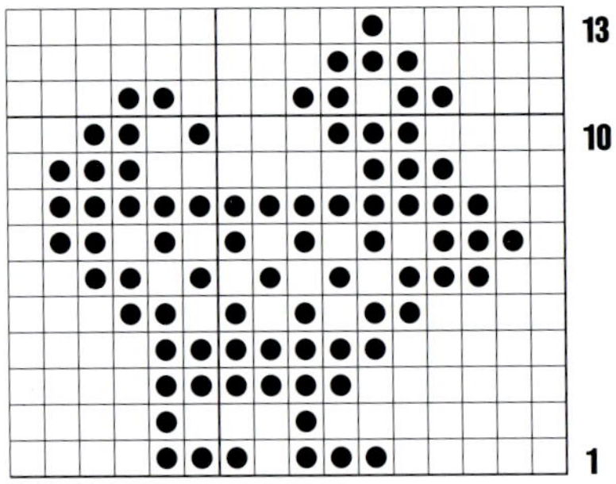

样品黑白图谱

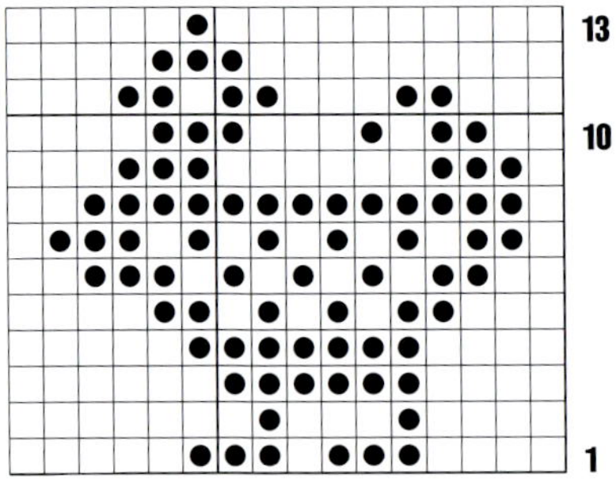

样品黑白图谱

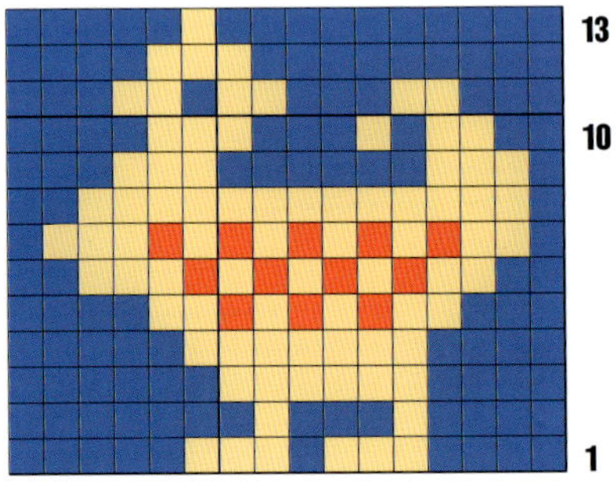

样品彩色图谱

44

14行
16针

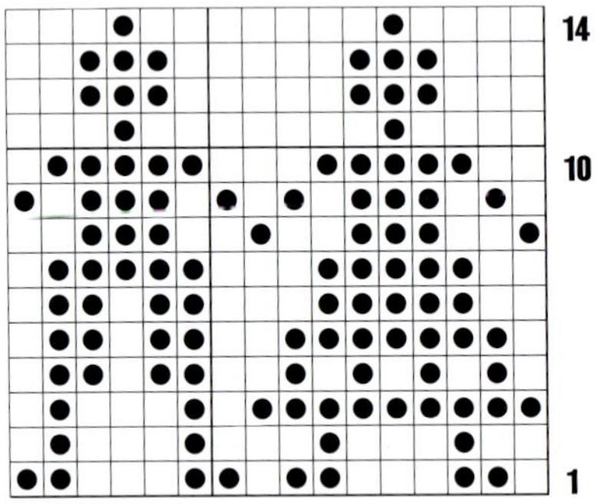

样品黑白图谱

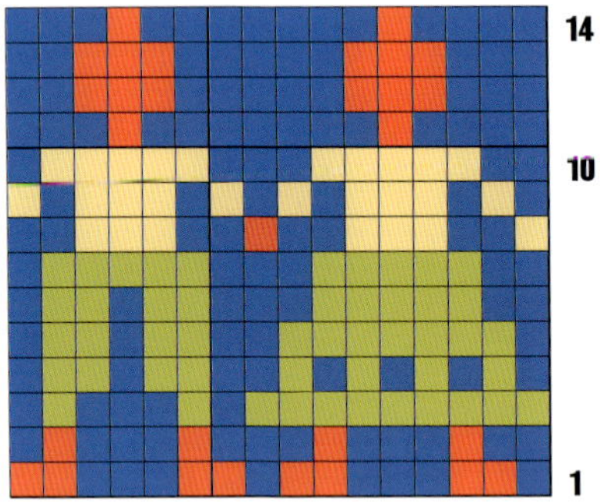

样品彩色图谱

颜色变换图谱

45

18行
12针

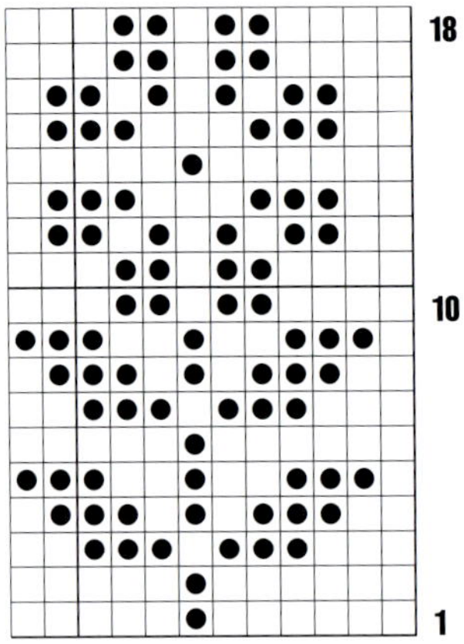

样品黑白图谱

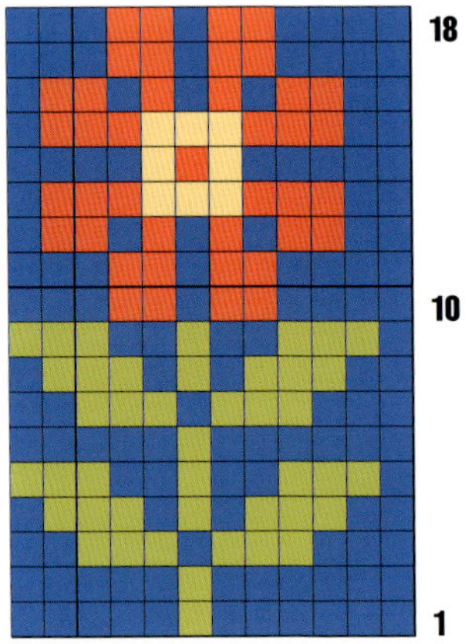

样品彩色图谱

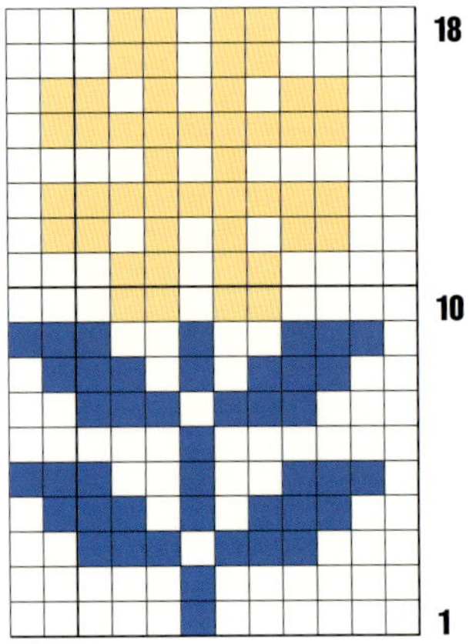

颜色变换图谱

46

11行
12针

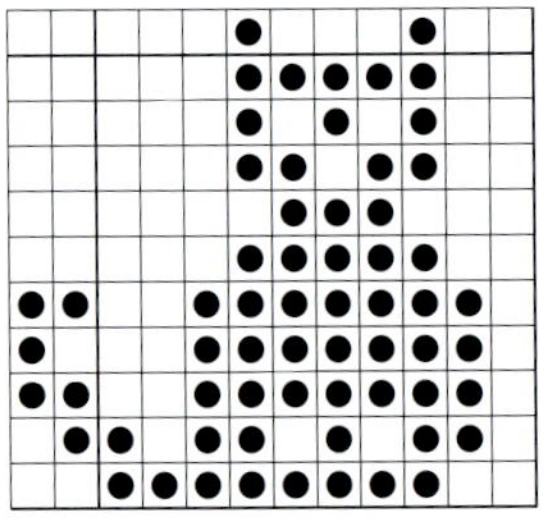
11 10 1

样品黑白图谱

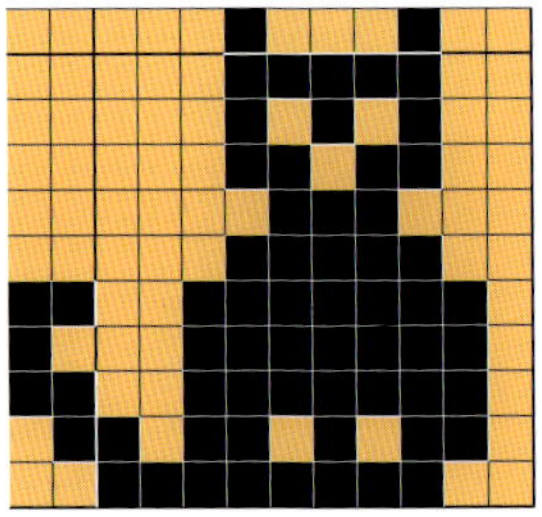
11 10 1

样品彩色图谱

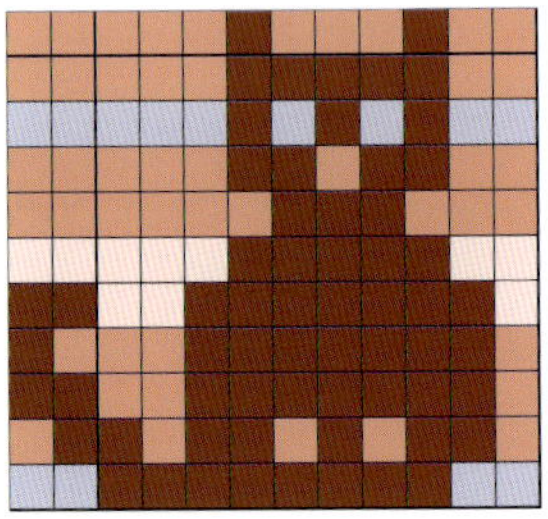
11 10 1

颜色变换图谱

47

3行
4针

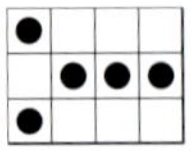
3 1

样品黑白图谱

3 1

样品彩色图谱

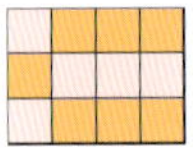
3 1

颜色变换图谱

48

7行
10针

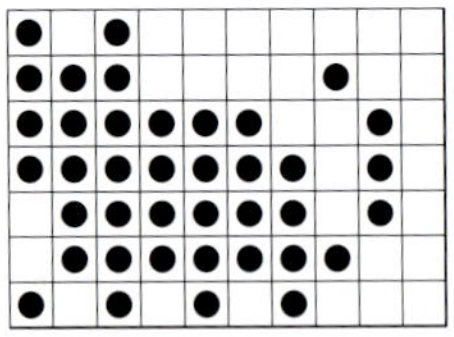
7 1

样品黑白图谱

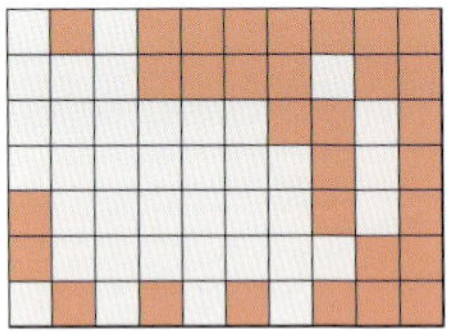
7 1

样品彩色图谱

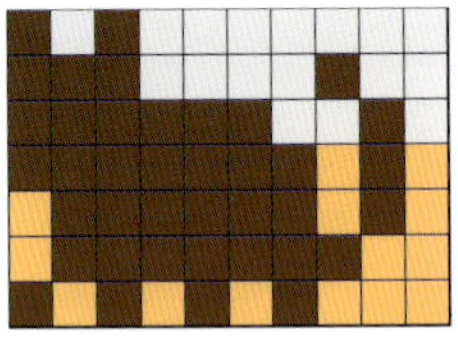
7 1

颜色变换图谱

49

3行
6针

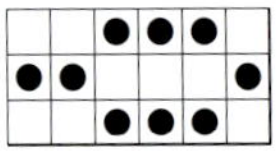
3 1

样品黑白图谱

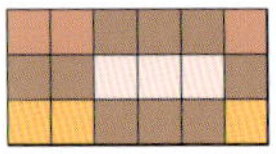
3 1

样品彩色图谱

3 1

颜色变换图谱

50

6行
7针

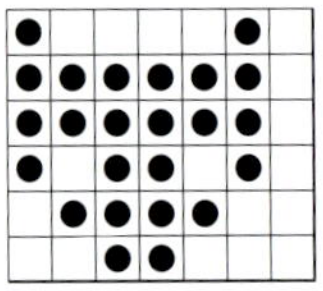
6 1

样品黑白图谱

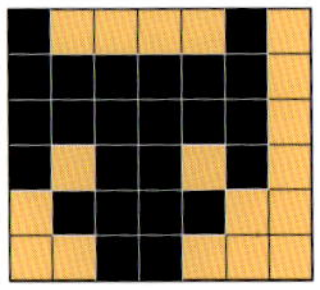
6 1

样品彩色图谱

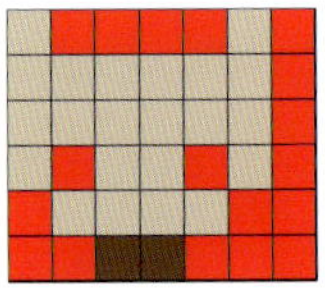
6 1

颜色变换图谱

51

8行
9针

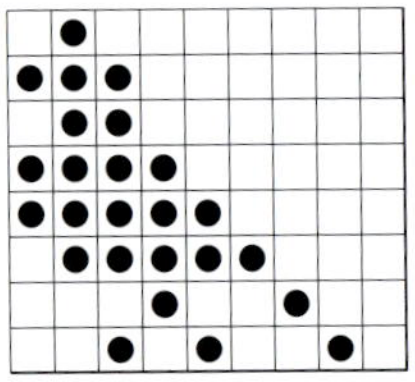

样品黑白图谱

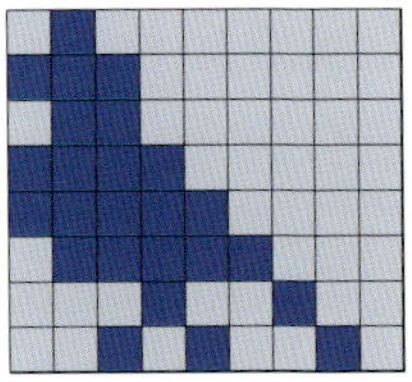

样品彩色图谱

颜色变换图谱

52

13行
14针

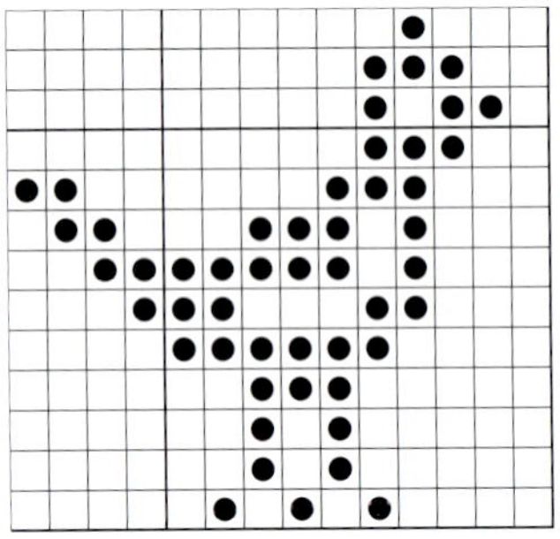

样品黑白图谱

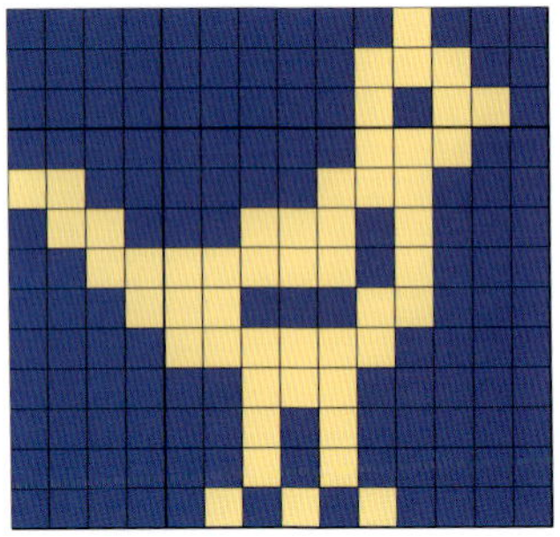

样品彩色图谱

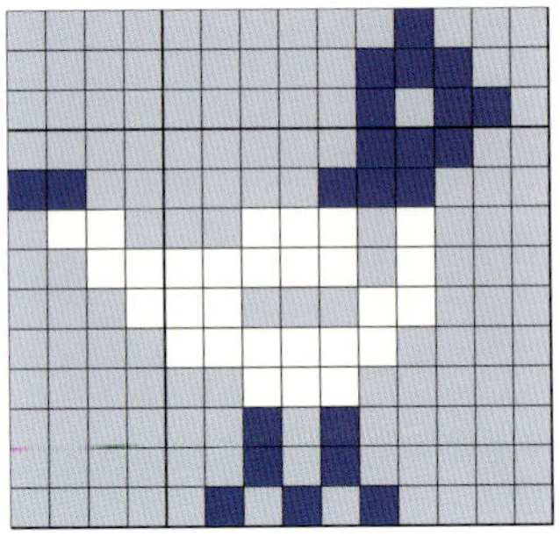

颜色变换图谱

53

1行
6针

样品黑白图谱

样品彩色图谱

颜色变换图谱

54

11行
16针

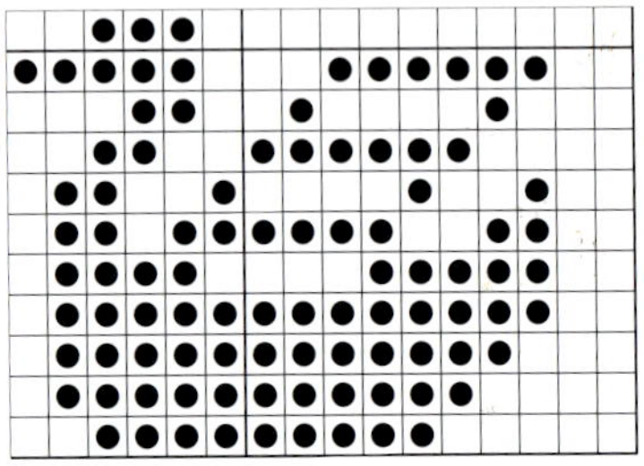

样品黑白图谱

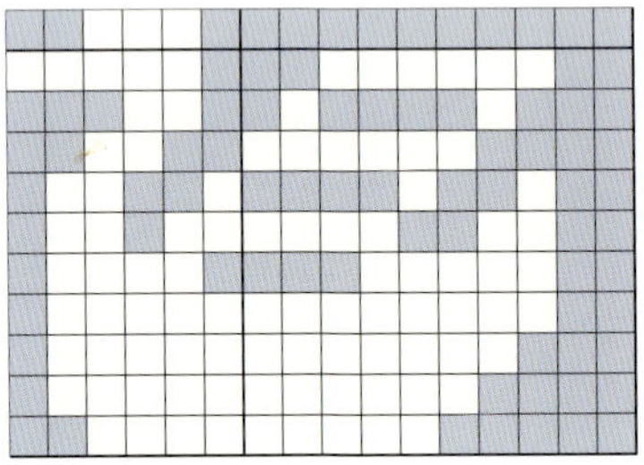

样品彩色图谱

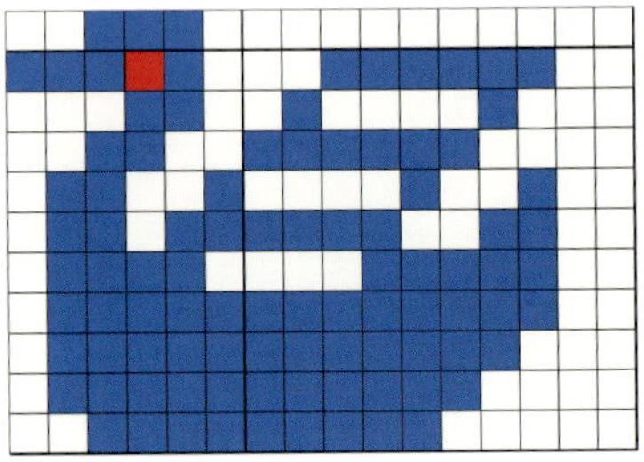

颜色变换图谱

55

4行
6针

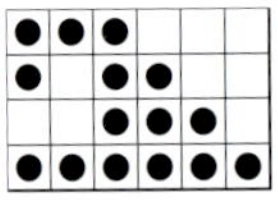

样品黑白图谱

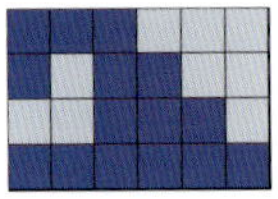

样品彩色图谱

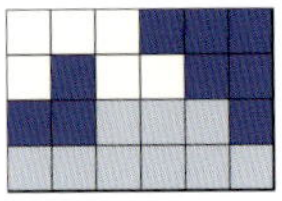

颜色变换图谱

56

13行
22针

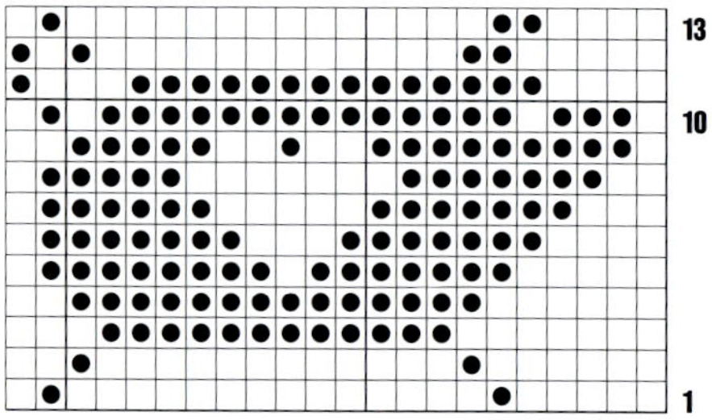

样品黑白图谱

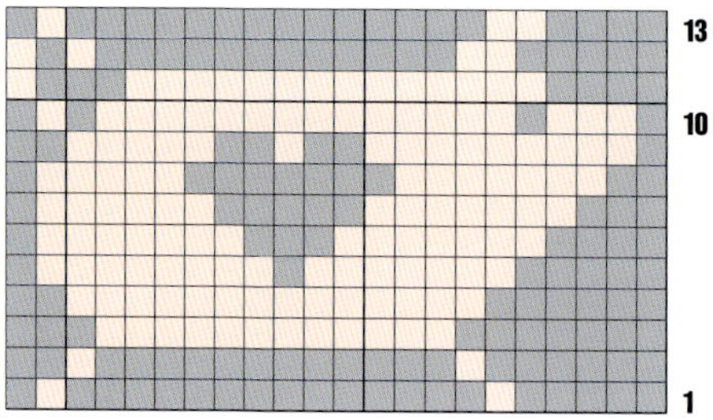

样品彩色图谱

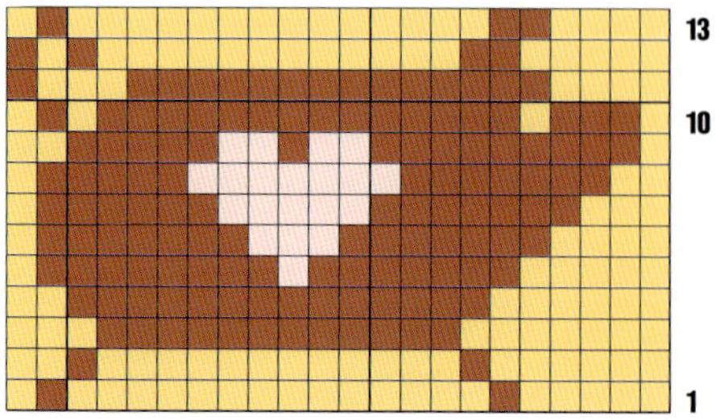

颜色变换图谱

57

7行
9针

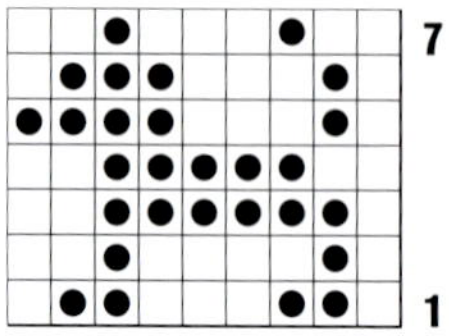

样品黑白图谱

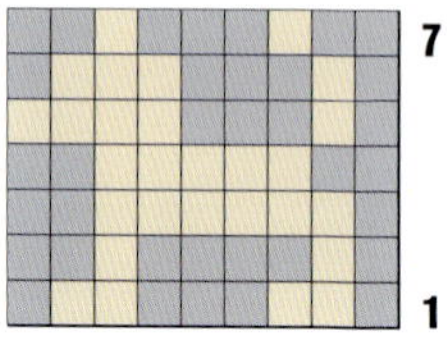

样品彩色图谱

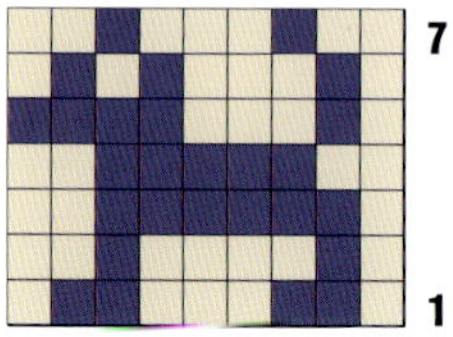

颜色变换图谱

58

9行
16针

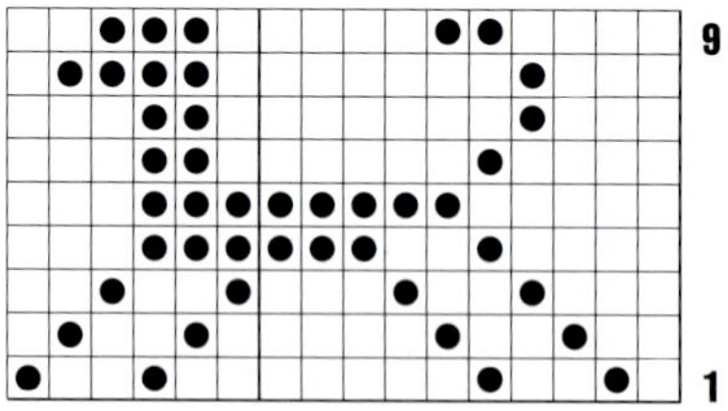

样品黑白图谱

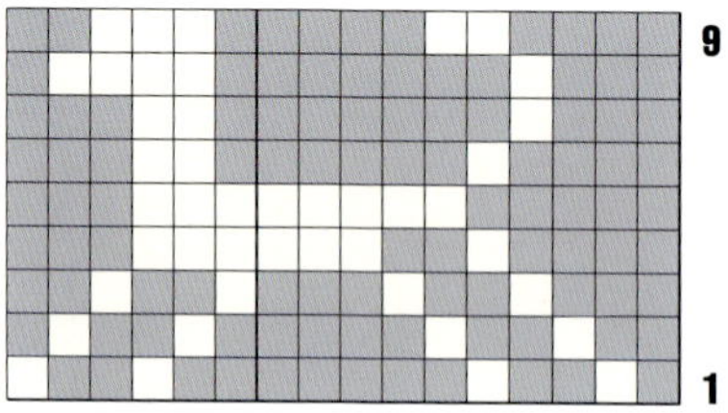

样品彩色图谱

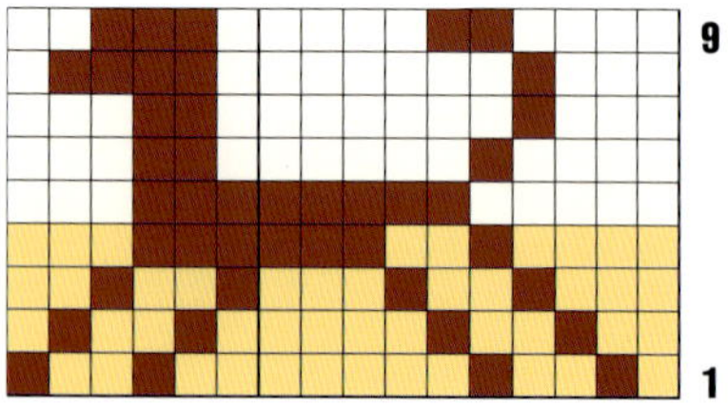

颜色变换图谱

59

8行
9针

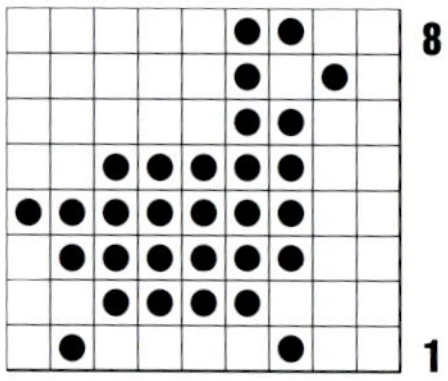

样品黑白图谱

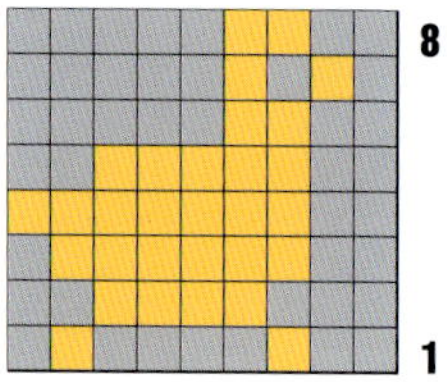

样品彩色图谱

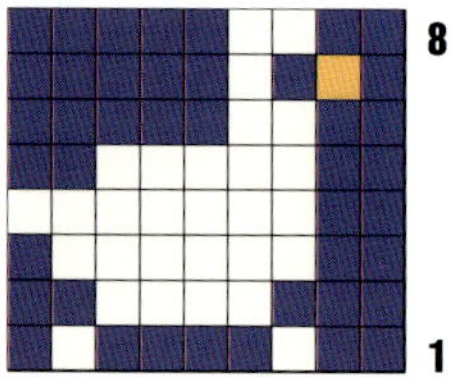

颜色变换图谱

60

11行
10针

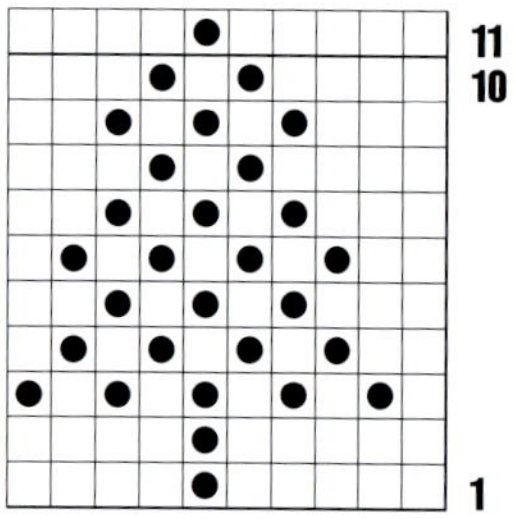

样品黑白图谱

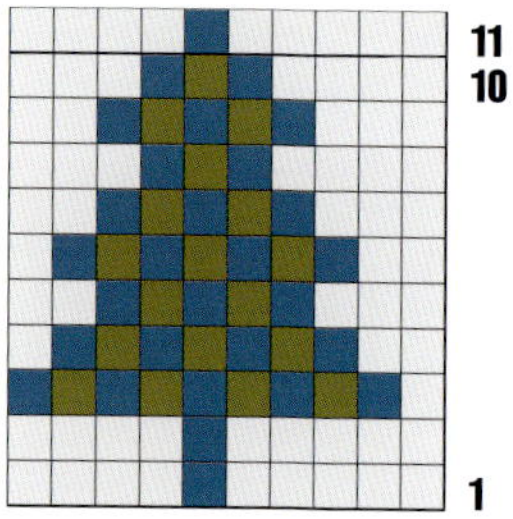

样品彩色图谱

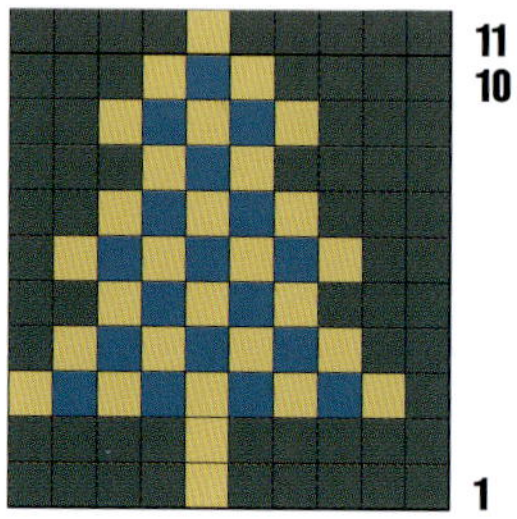

颜色变换图谱

61

16行
10针

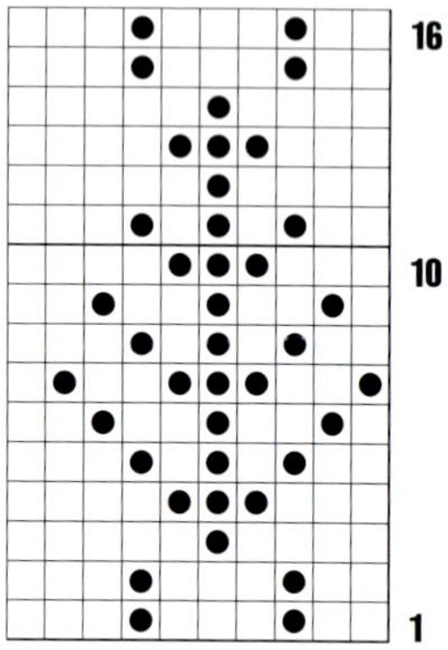

样品黑白图谱

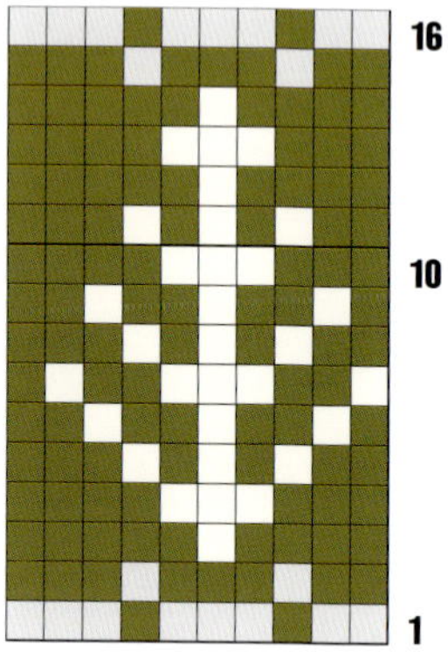

样品彩色图谱

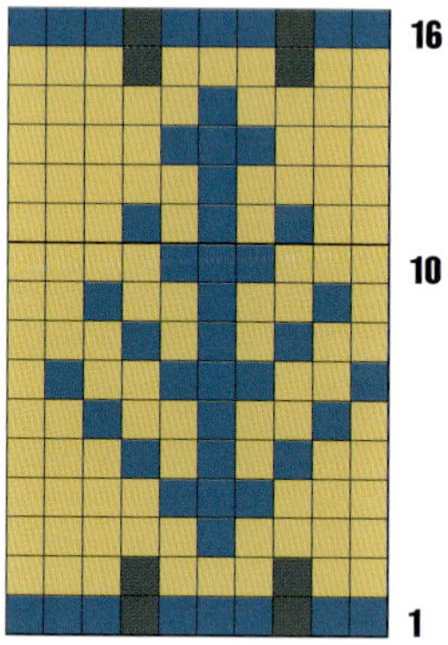

颜色变换图谱

62

15行
10针

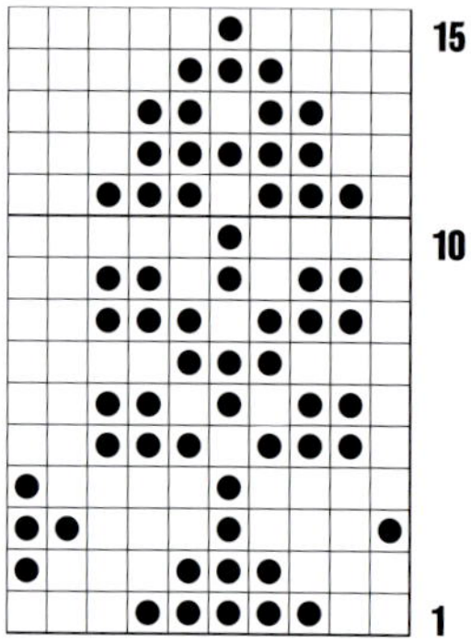

样品黑白图谱

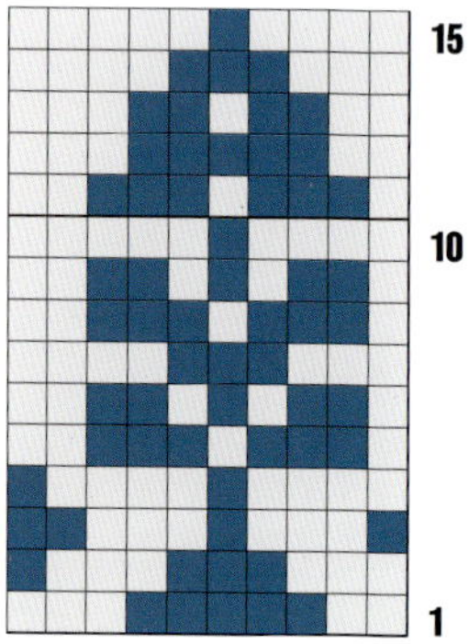

样品彩色图谱

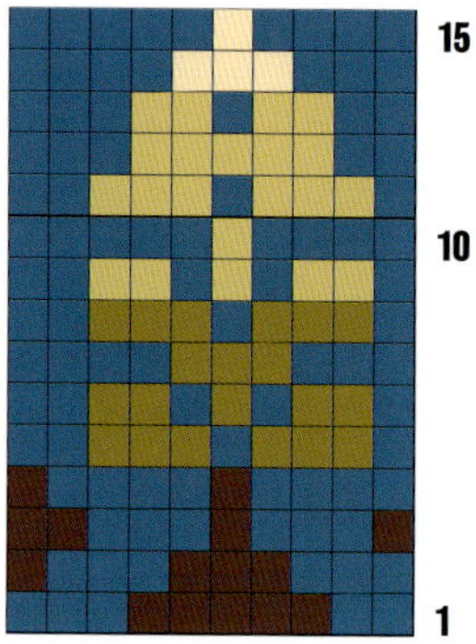

颜色变换图谱

63

12行
26针

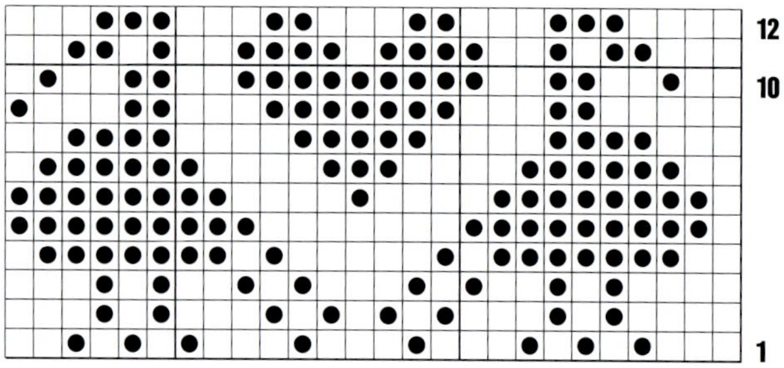

样品黑白图谱

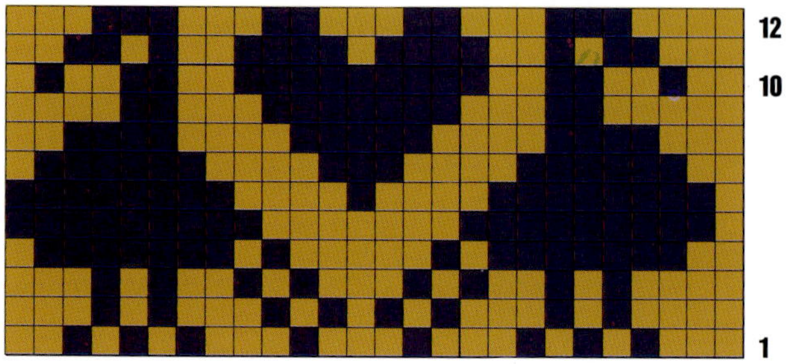

样品彩色图谱

64

17行
12针

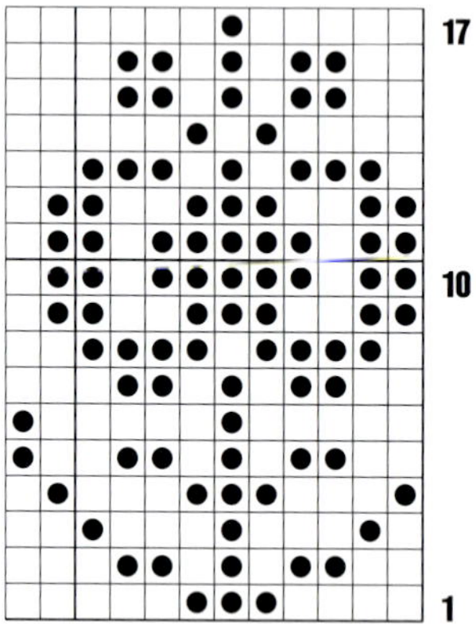

样品黑白图谱

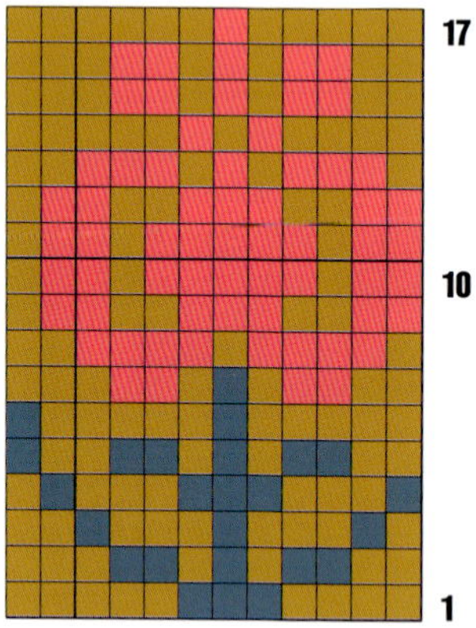

样品彩色图谱

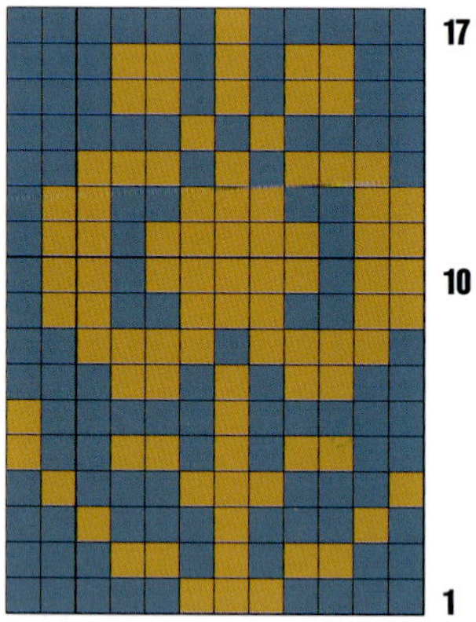

颜色变换图谱

65

14行
20针

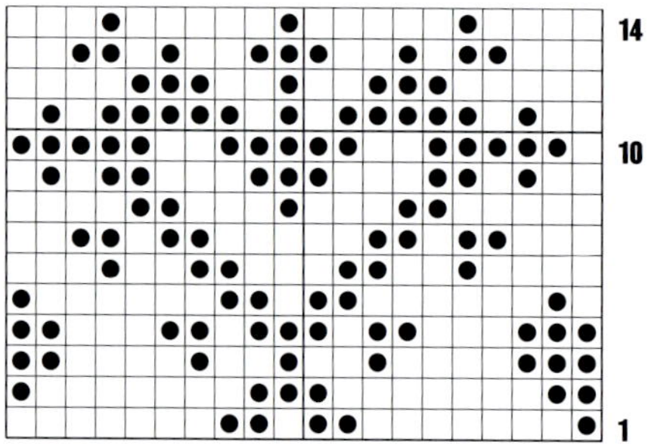

样品黑白图谱

样品彩色图谱

颜色变换图谱

66

12行
13针

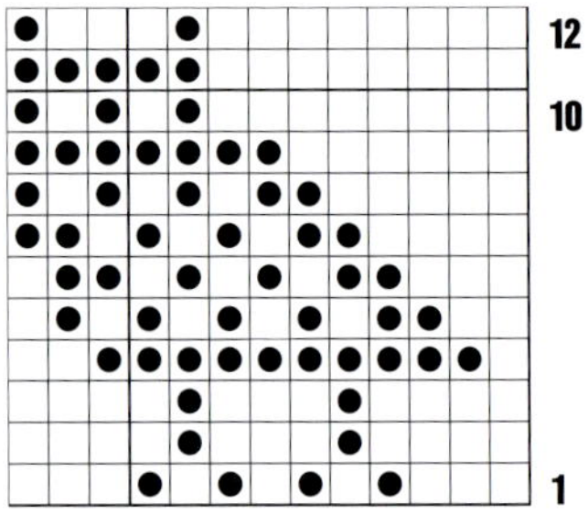

样品黑白图谱

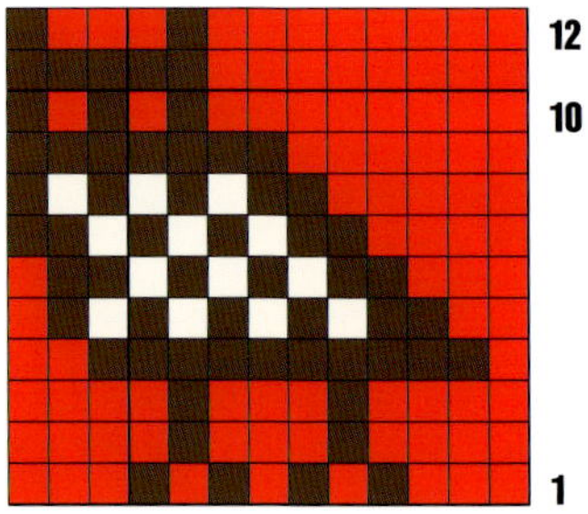

样品彩色图谱

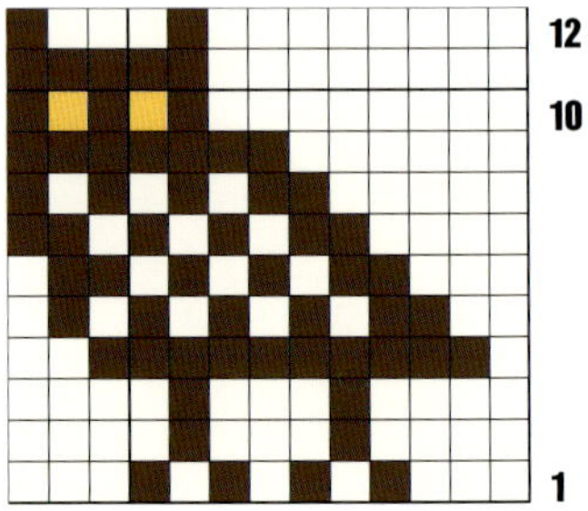

颜色变换图谱

67

15行
15针

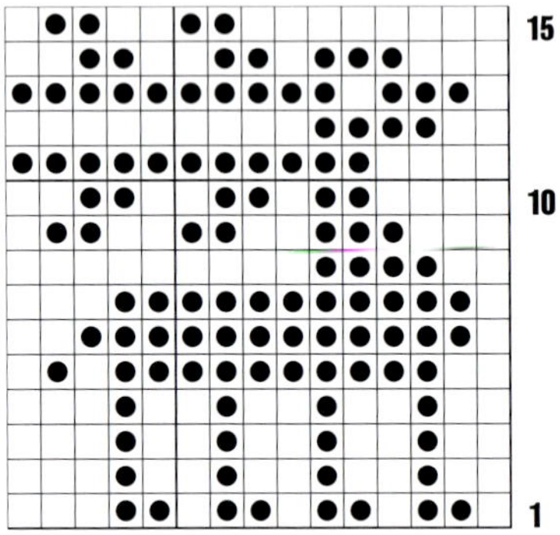

样品黑白图谱

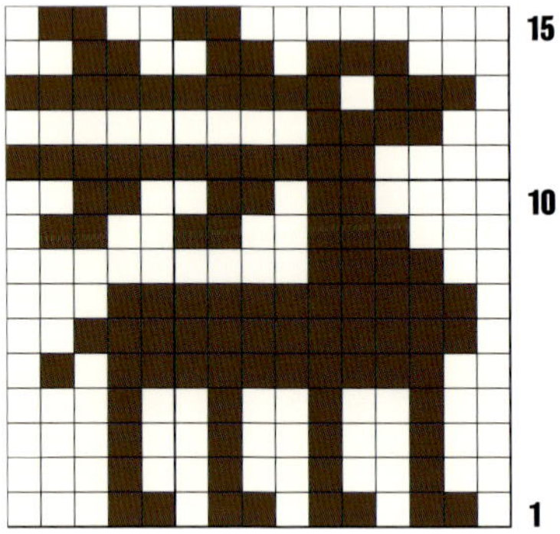

样品彩色图谱

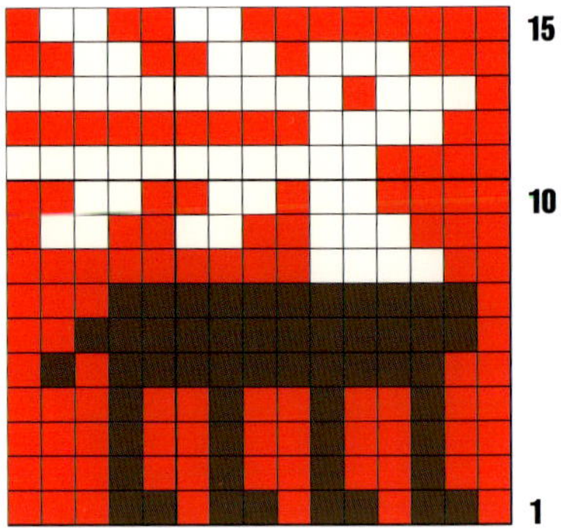

颜色变换图谱

68

15行
10针

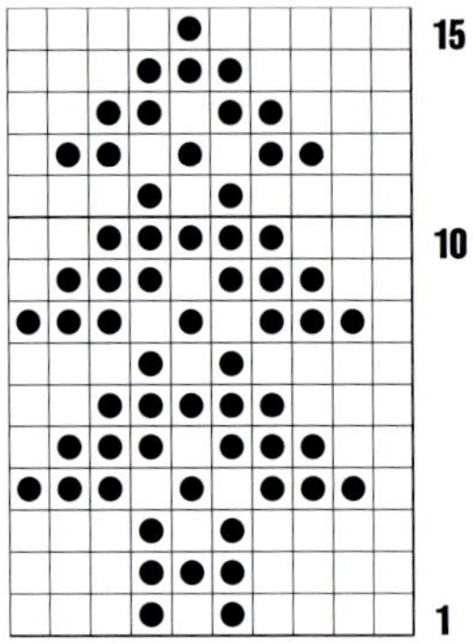

样品黑白图谱

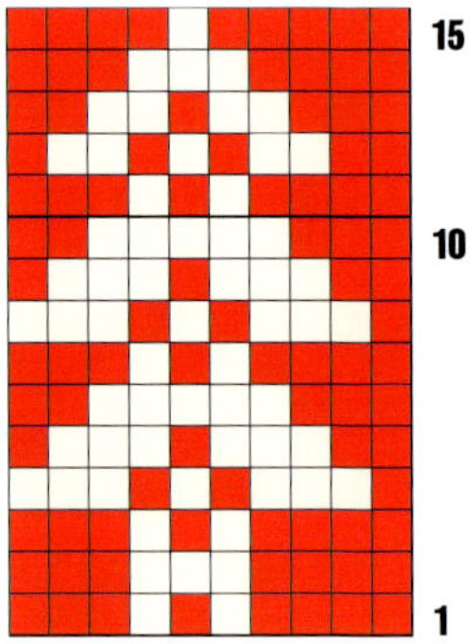

样品彩色图谱

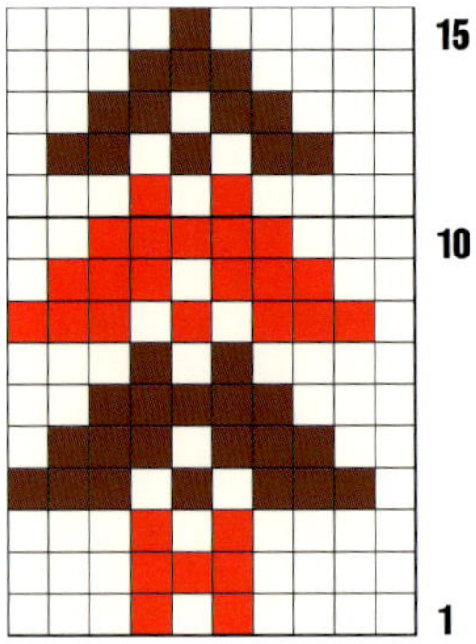

颜色变换图谱

69

7行
8针

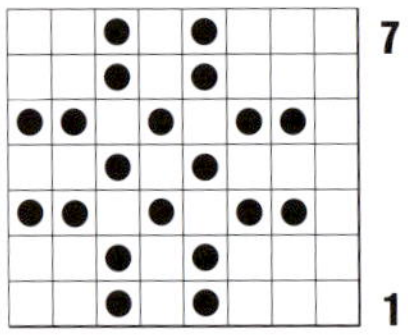

样品黑白图谱

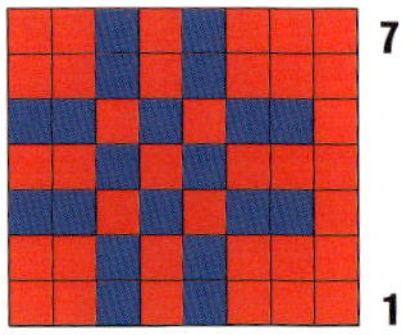

样品彩色图谱

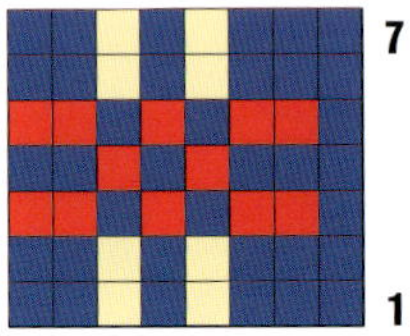

颜色变换图谱

70

3行
4针

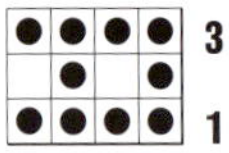

样品黑白图谱

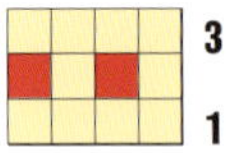

样品彩色图谱

颜色变换图谱

71

15行
18针

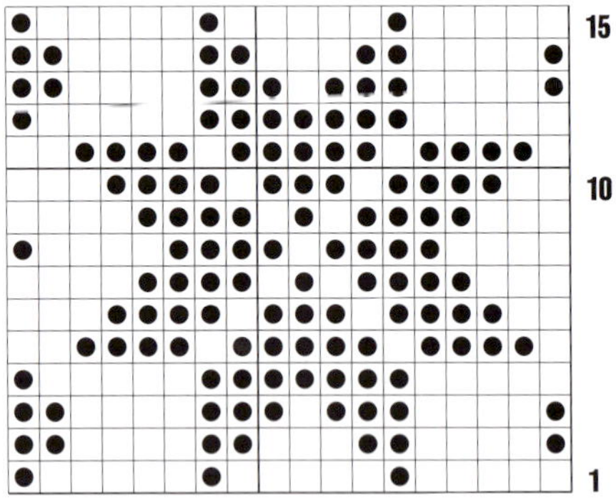

样品黑白图谱

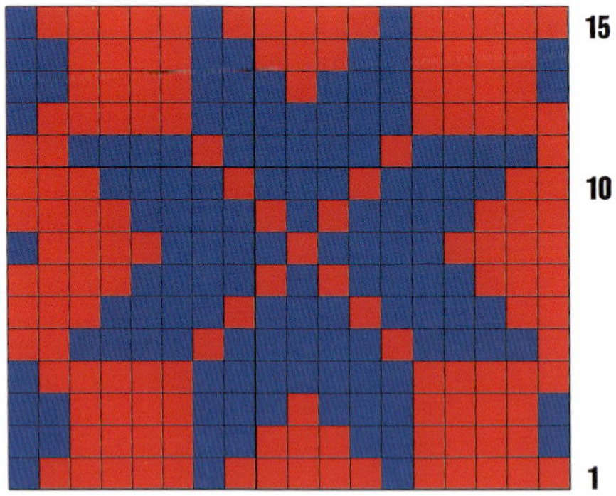

样品彩色图谱

颜色变换图谱

72

15行
12针

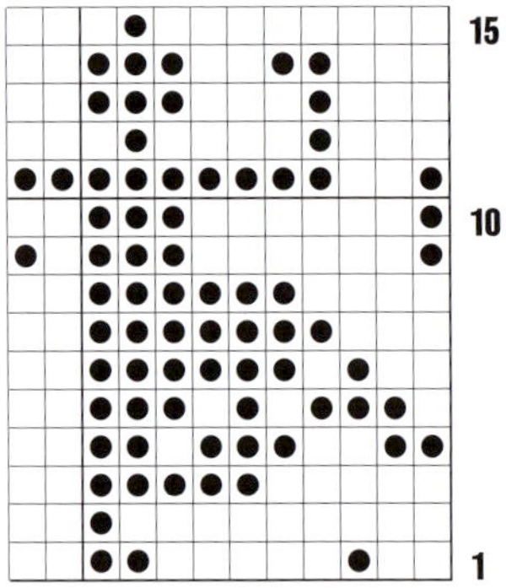

样品黑白图谱

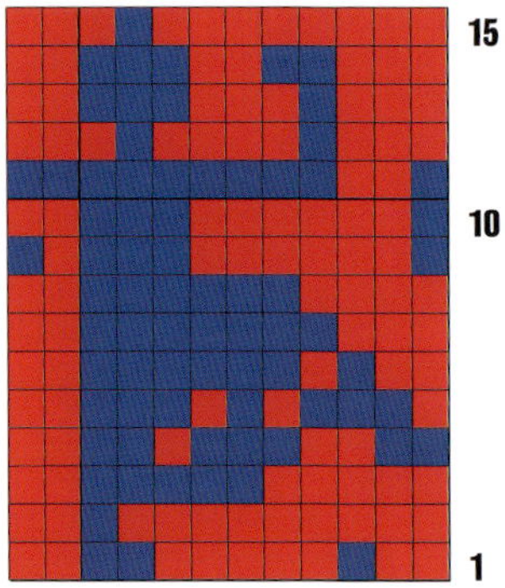

样品彩色图谱

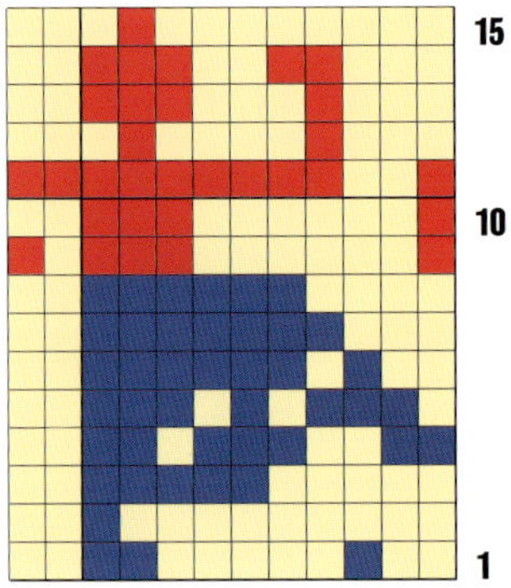

颜色变换图谱

73

9行
13针

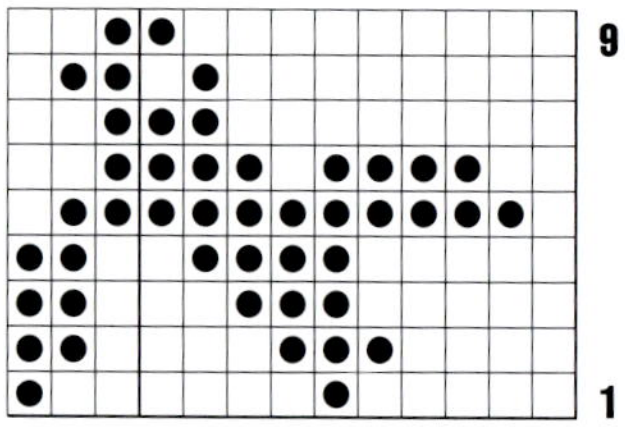

样品黑白图谱

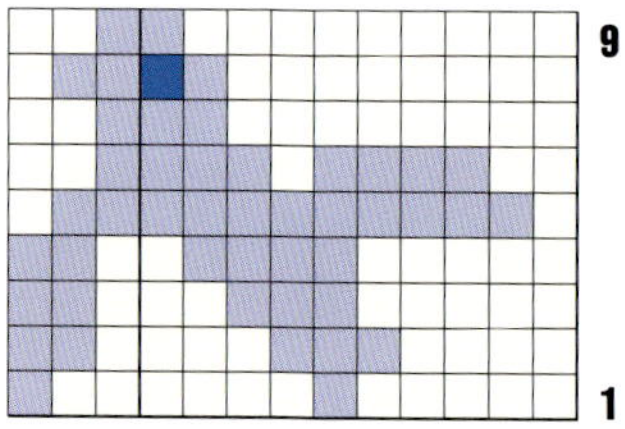

样品彩色图谱

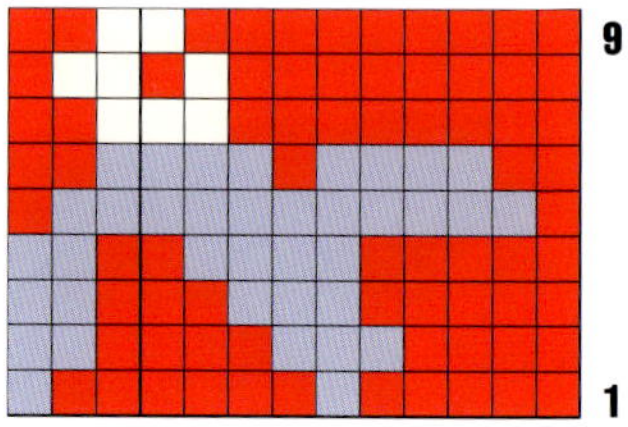

颜色变换图谱

74

13行
16针

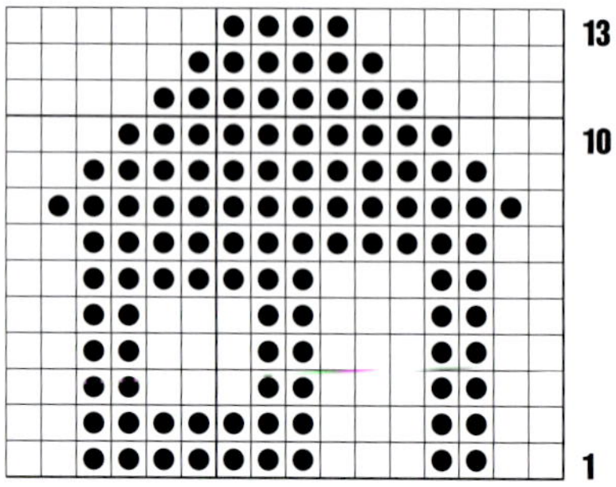

样品黑白图谱

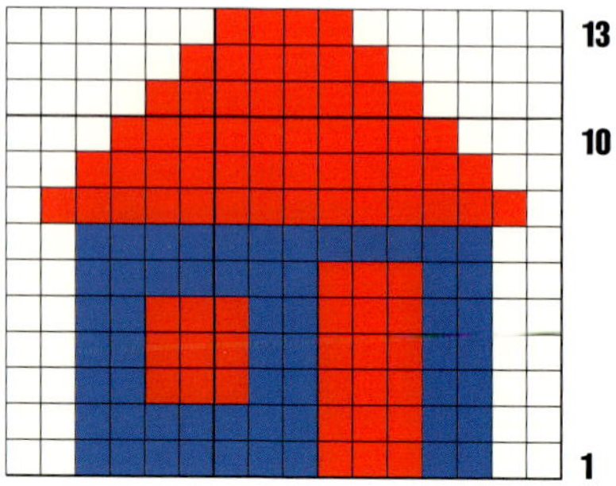

样品彩色图谱

颜色变换图谱

75

11行
12针

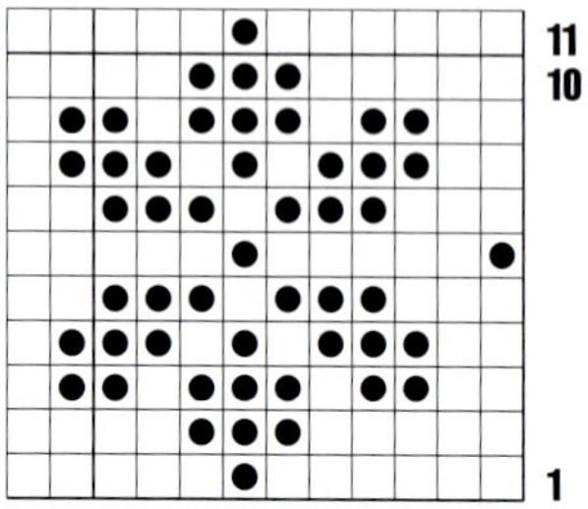

样品黑白图谱

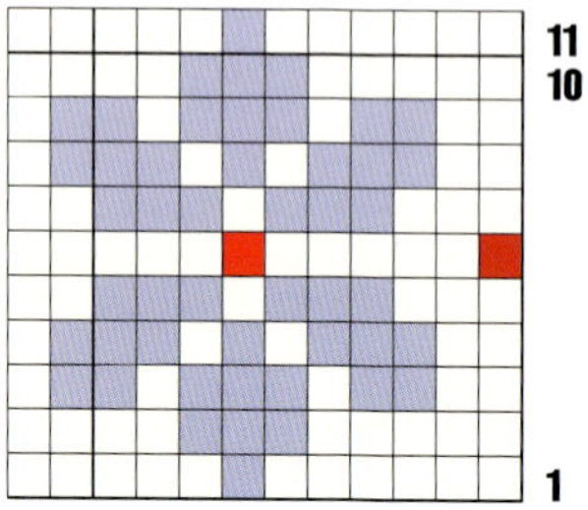

样品彩色图谱

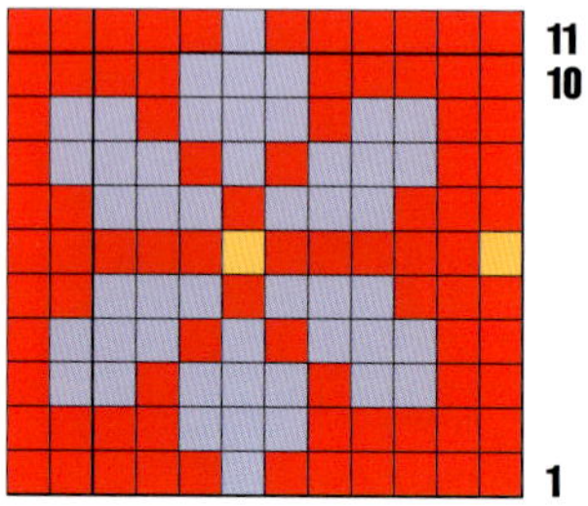

颜色变换图谱

76

12行
12针

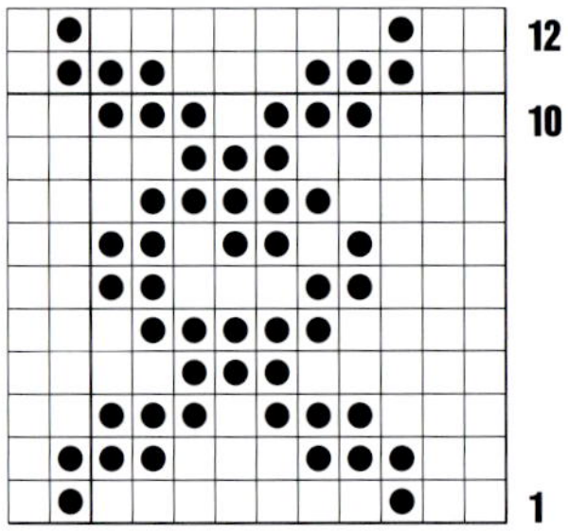

样品黑白图谱

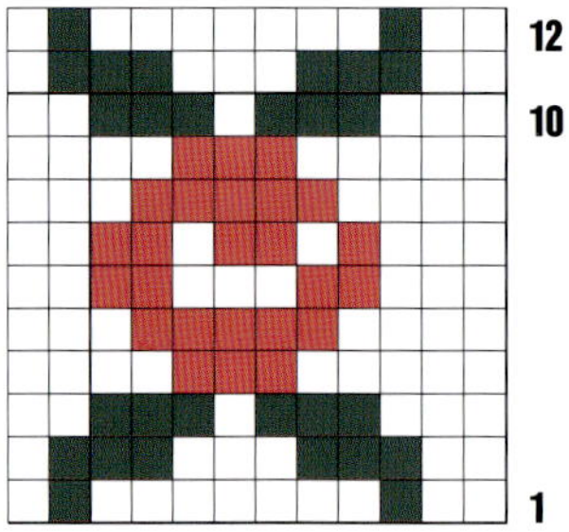

样品彩色图谱

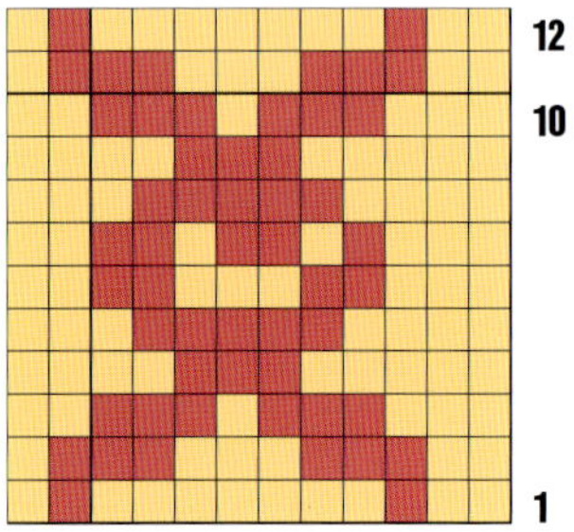

颜色变换图谱

77

11行
16针

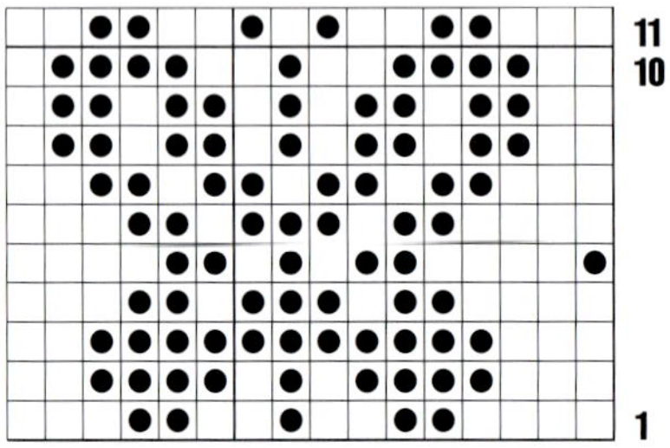

样品黑白图谱

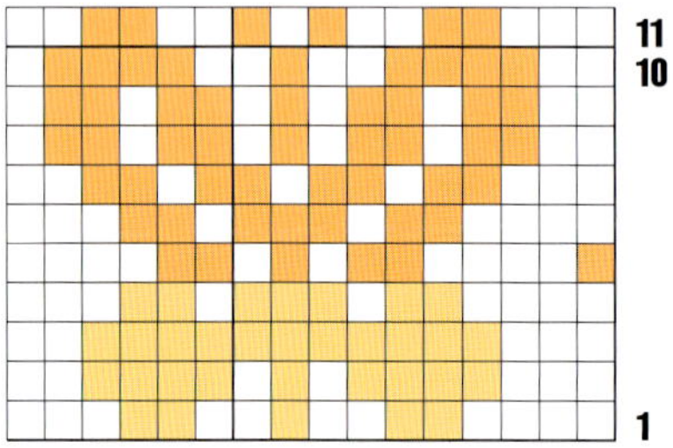

样品彩色图谱

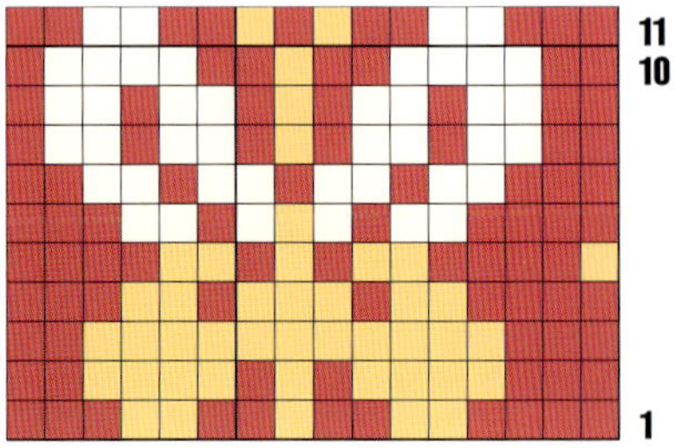

颜色变换图谱

78

21行
11针

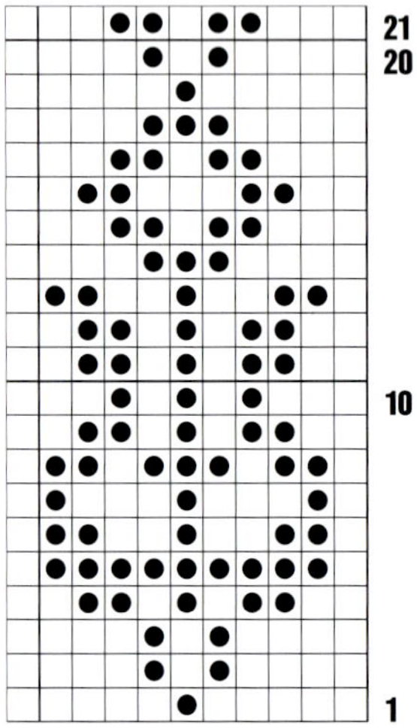

样品黑白图谱

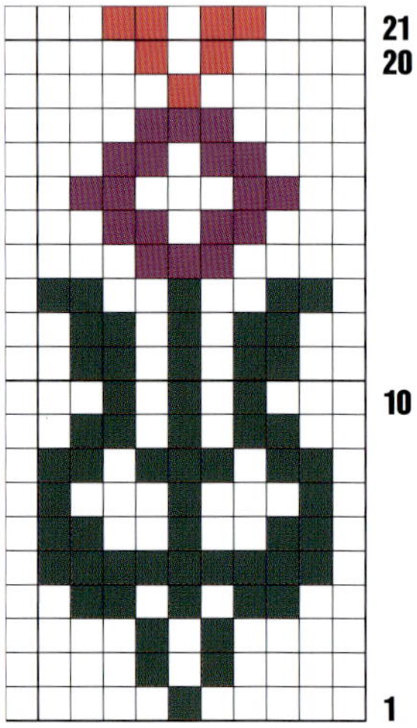

样品彩色图谱

颜色变换图谱

79

9行
10针

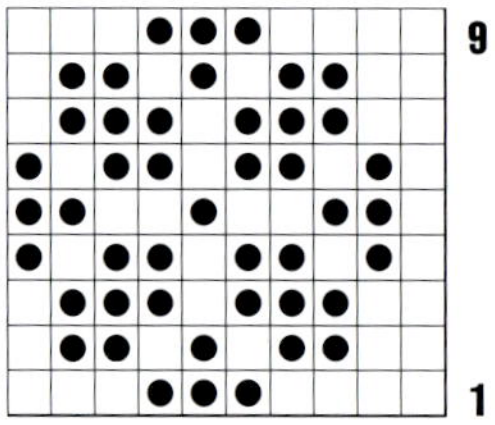

样品黑白图谱

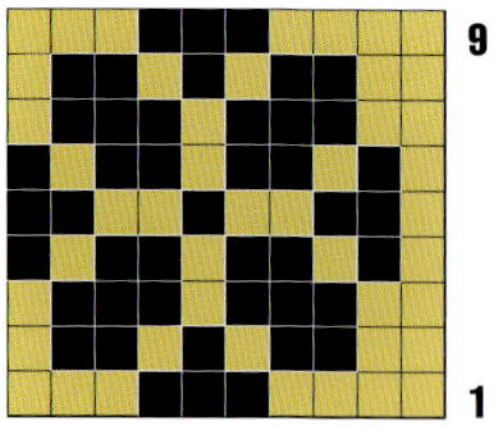

样品彩色图谱

颜色变换图谱

80

11行
12针

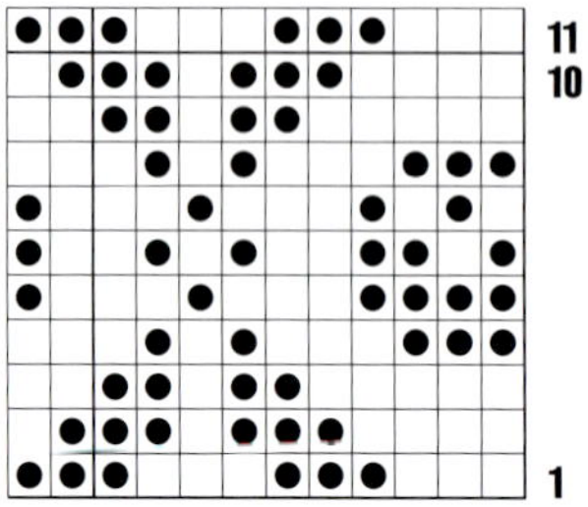

样品黑白图谱

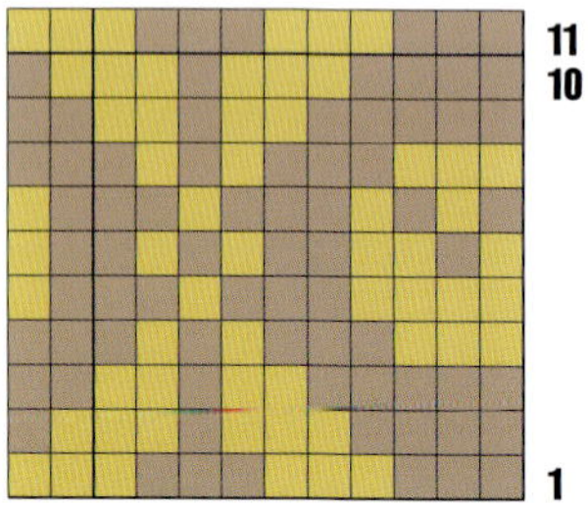

样品彩色图谱

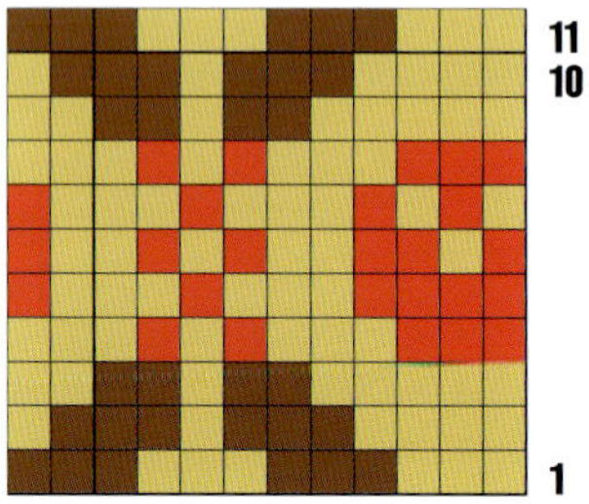

颜色变换图谱

81

12行
8针

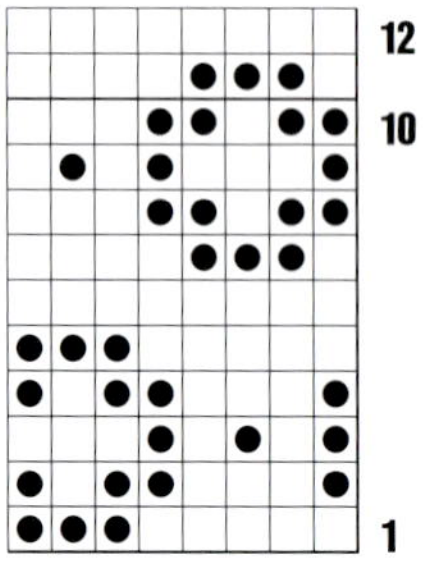

样品黑白图谱

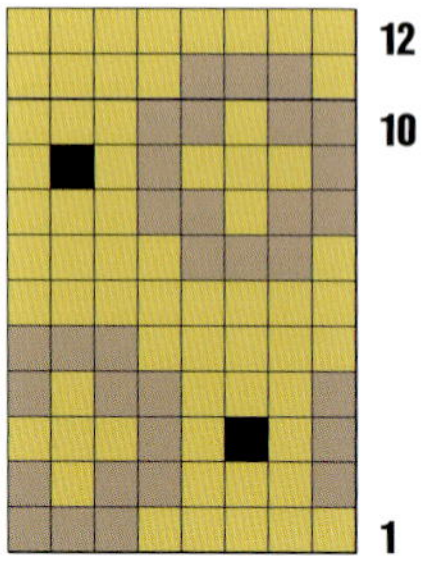

样品彩色图谱

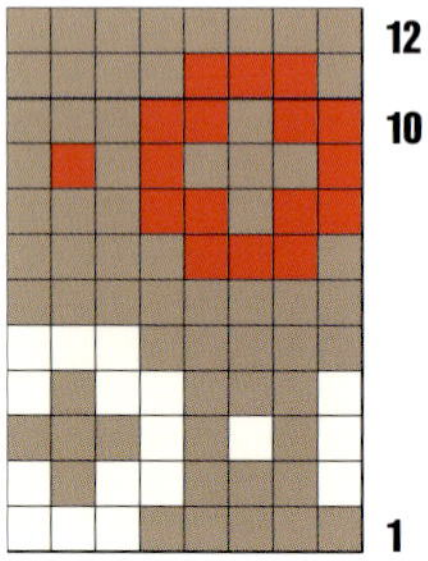

颜色变换图谱

82

11行
20针

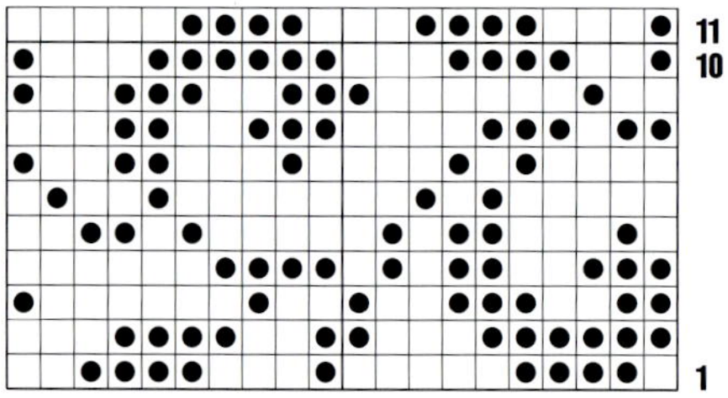

样品黑白图谱

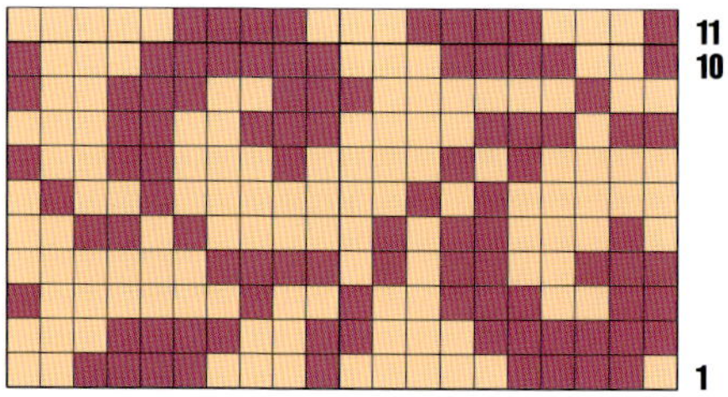

样品彩色图谱

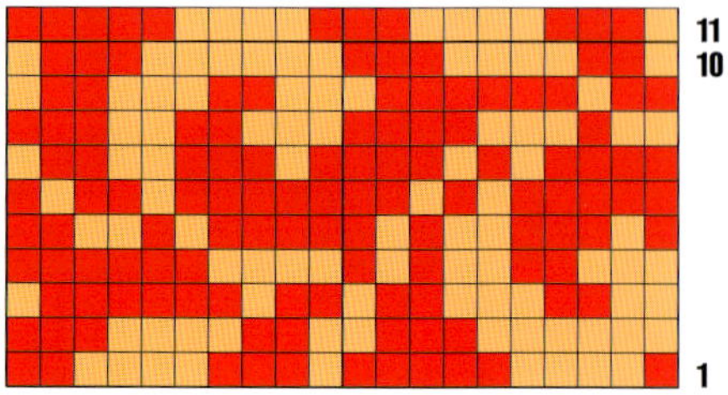

颜色变换图谱

83

7行
12针

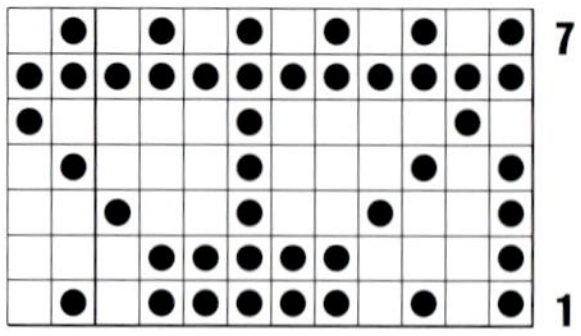

样品黑白图谱

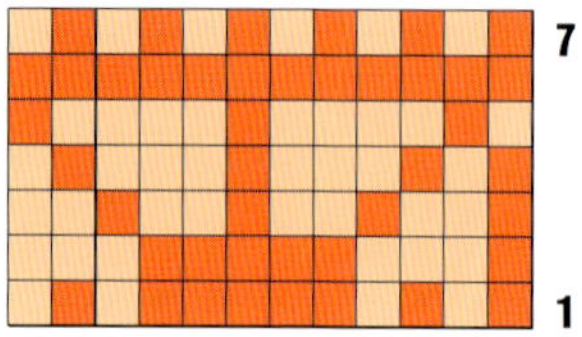

样品彩色图谱

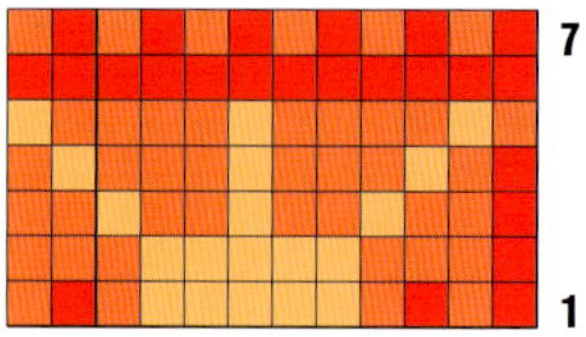

颜色变换图谱

84

10行
28针

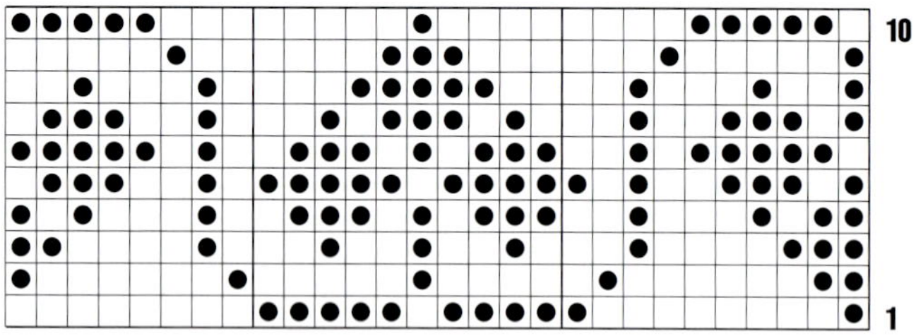

样品黑白图谱

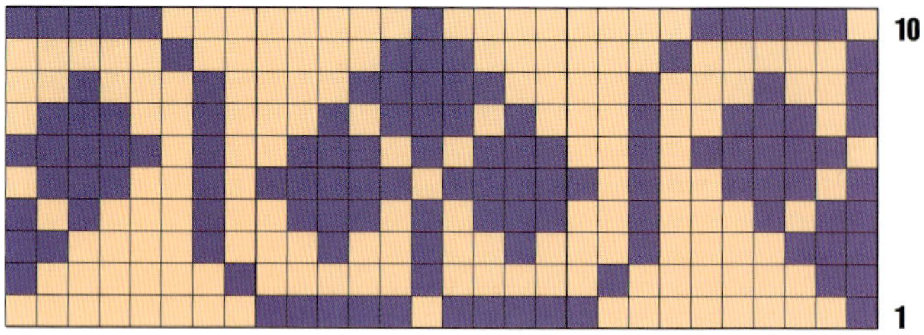

样品彩色图谱

85

8行
32针

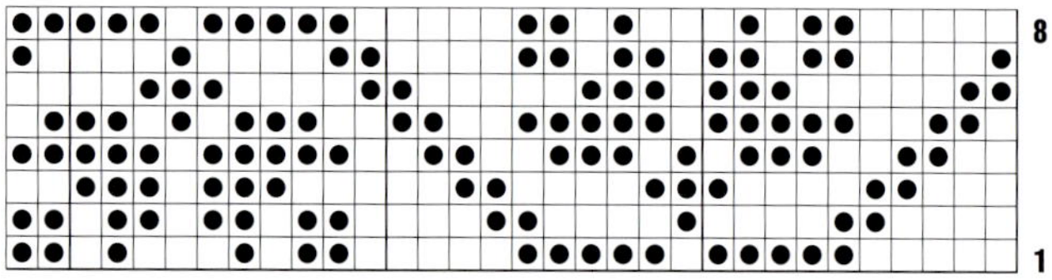

样品黑白图谱

样品彩色图谱

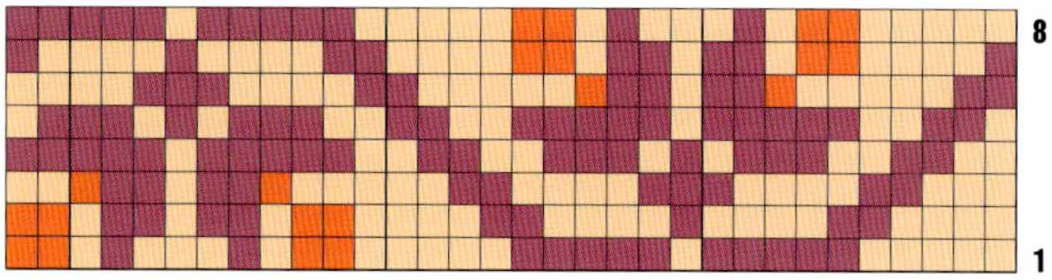

颜色变换图谱

86

6 行
4 针

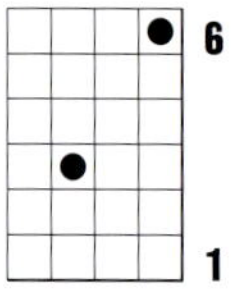

样品黑白图谱

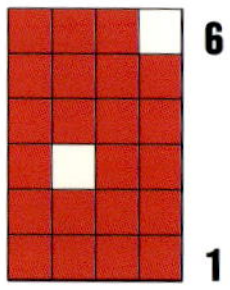

样品彩色图谱

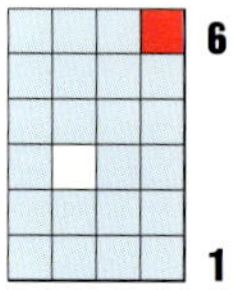

颜色变换图谱

87

3 行
8 针

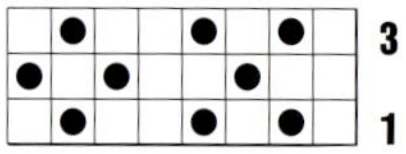

样品黑白图谱

样品彩色图谱

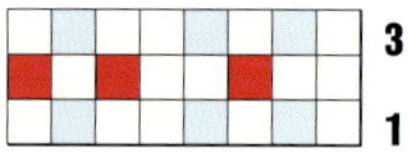

颜色变换图谱

88

21 行
22 针

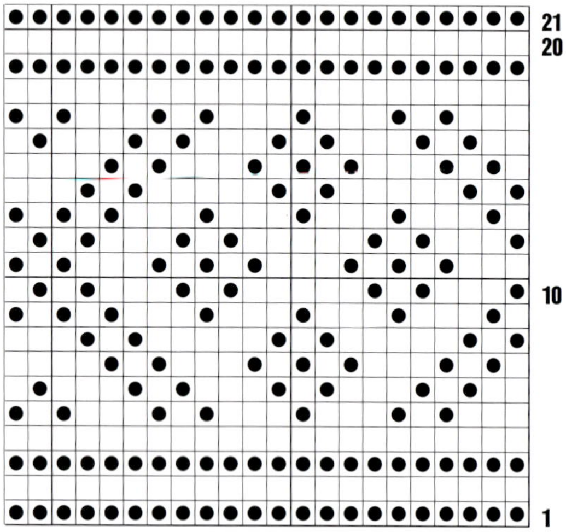

样品黑白图谱

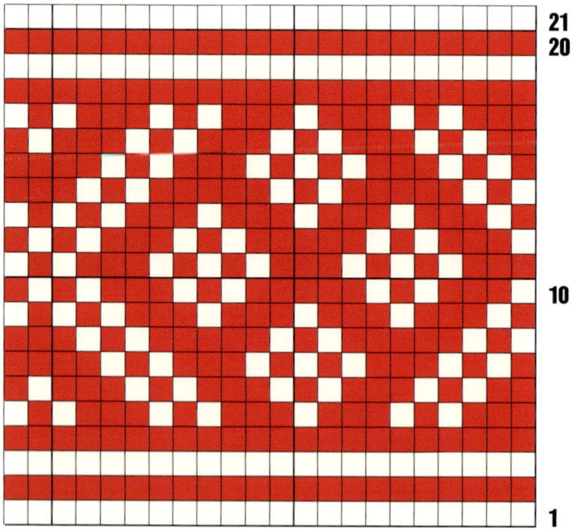

样品彩色图谱

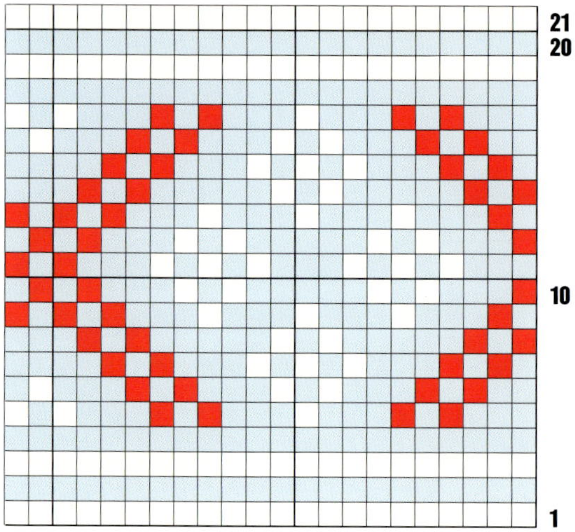

颜色变换图谱

89

5 行
4 针

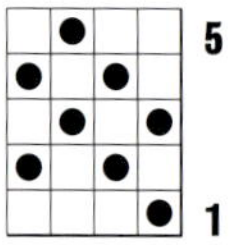

样品黑白图谱

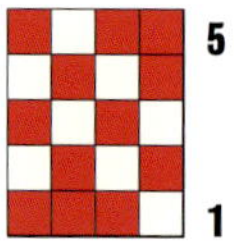

样品彩色图谱

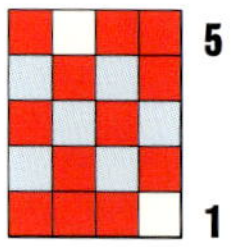

颜色变换图谱

90

5 行
4 针

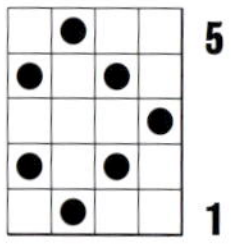

样品黑白图谱

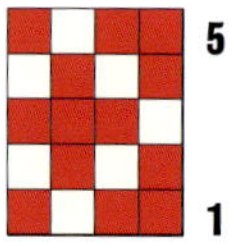

样品彩色图谱

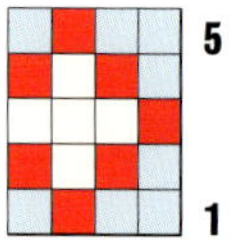

颜色变换图谱

91

13行
12针

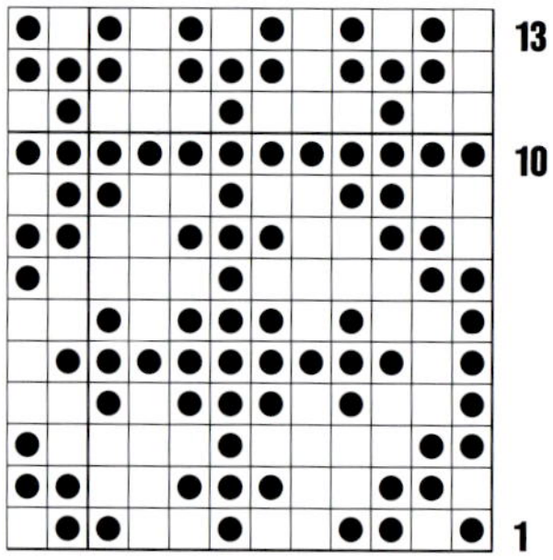

样品黑白图谱

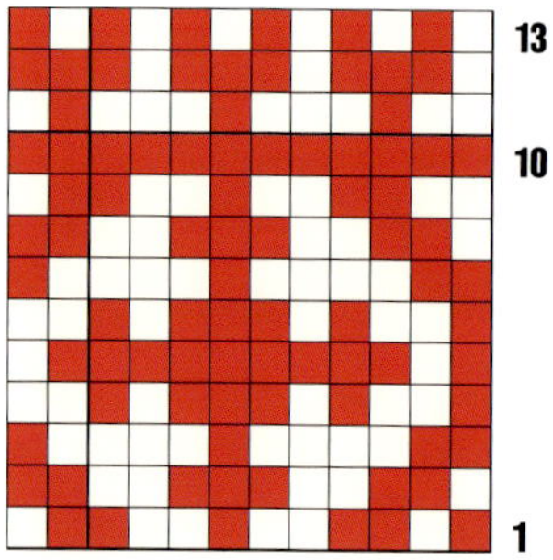

样品彩色图谱

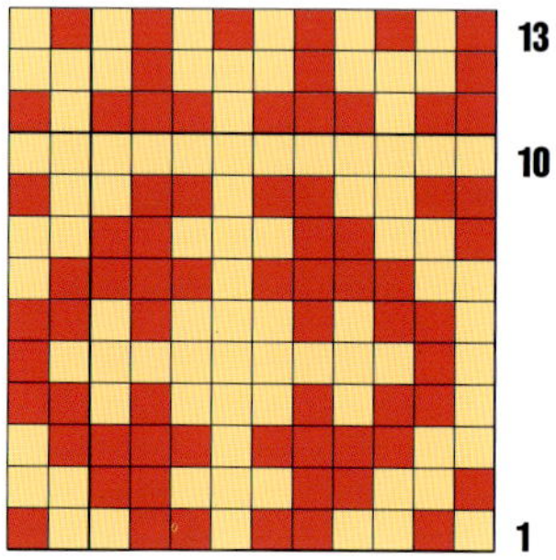

颜色变换图谱

92

9行
4针

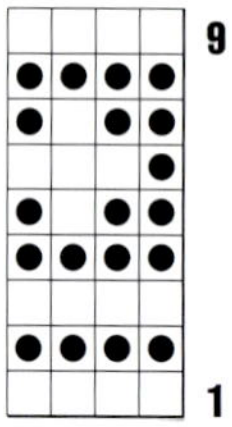

样品黑白图谱

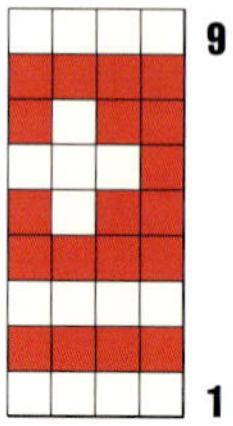

样品彩色图谱

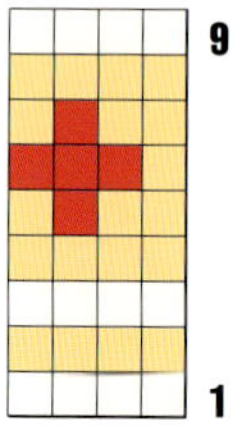

颜色变换图谱

93

13行
14针

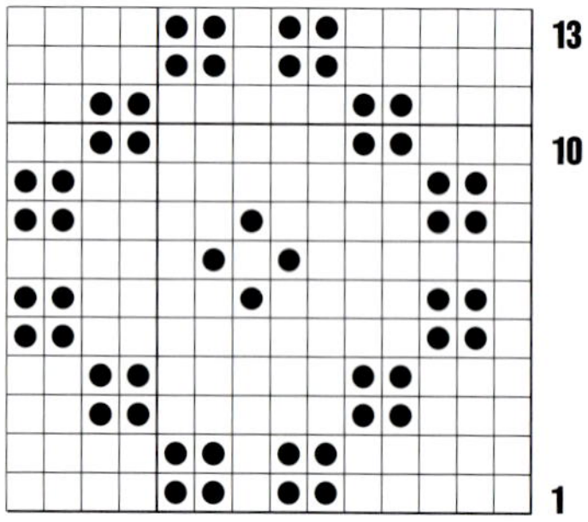

样品黑白图谱

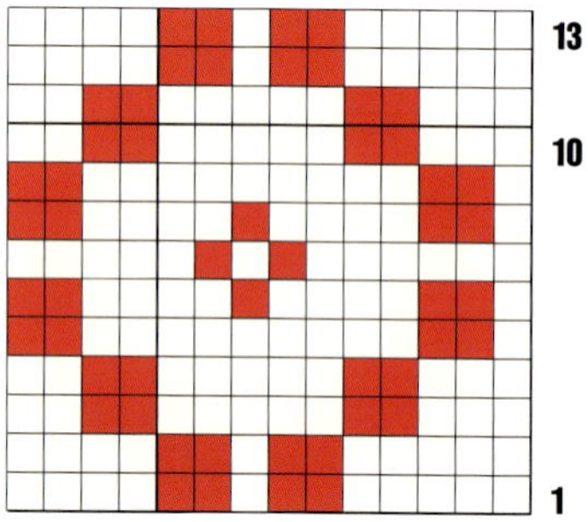

样品彩色图谱

颜色变换图谱

94

9行
6针

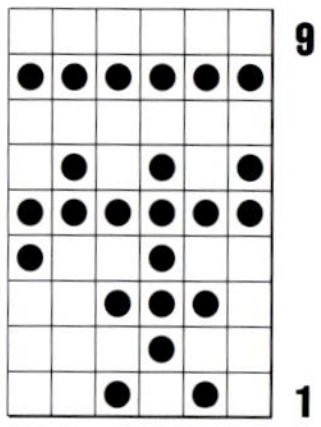

样品黑白图谱

样品彩色图谱

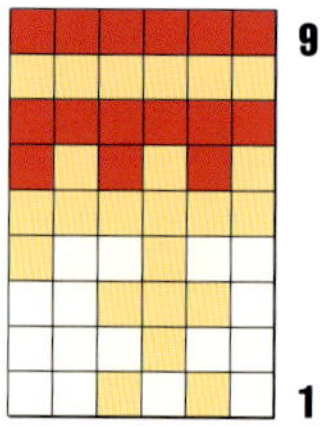

颜色变换图谱

95

9 行
22 针

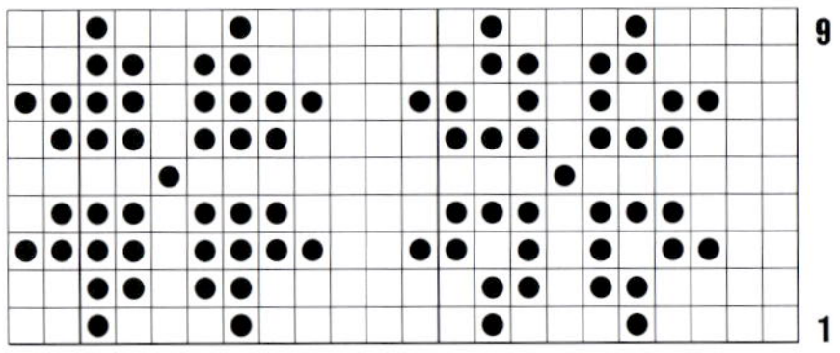
样品黑白图谱

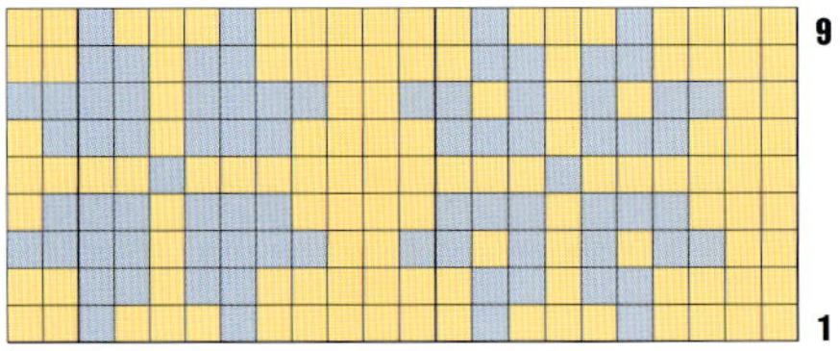
样品彩色图谱

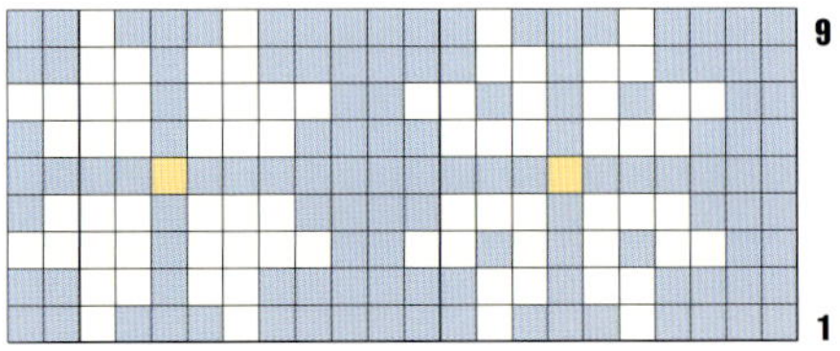
颜色变换图谱

96

10 行
22 针

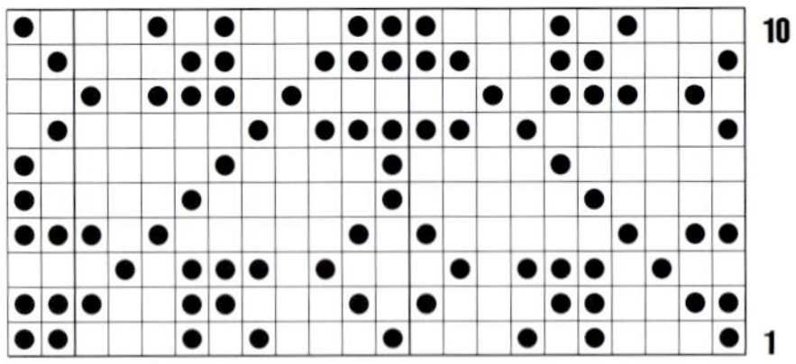
样品黑白图谱

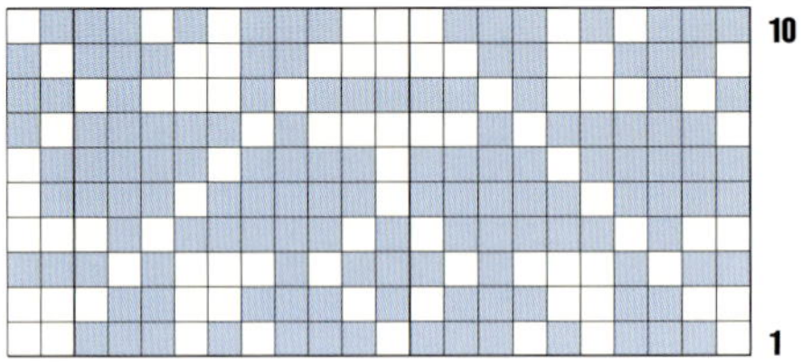
样品彩色图谱

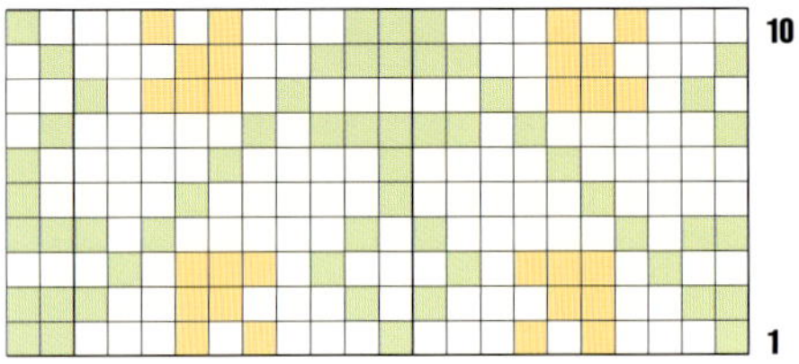
颜色变换图谱

97

17 行
22 针

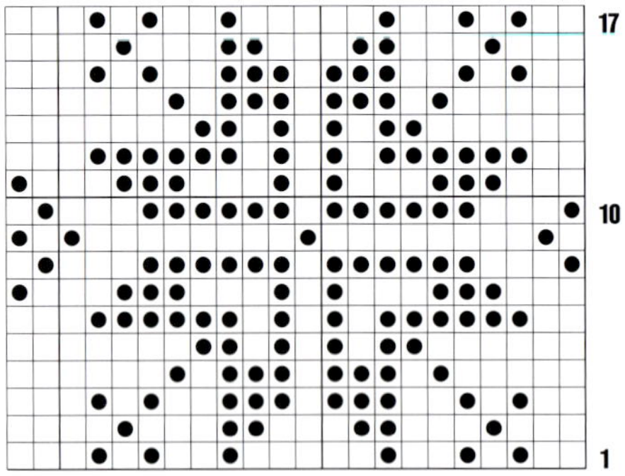
样品黑白图谱

样品彩色图谱

颜色变换图谱

98

17 行
22 针

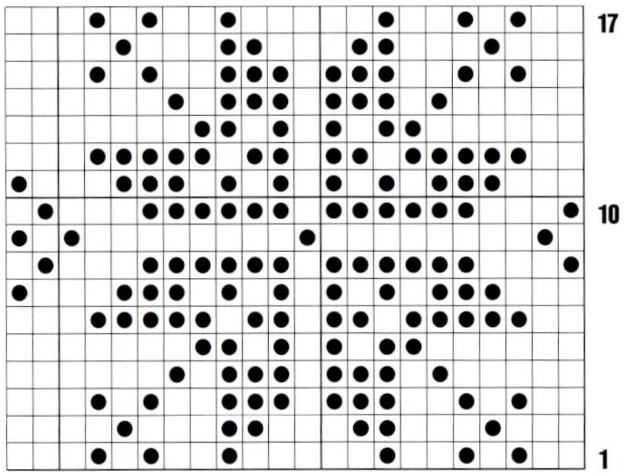
样品黑白图谱

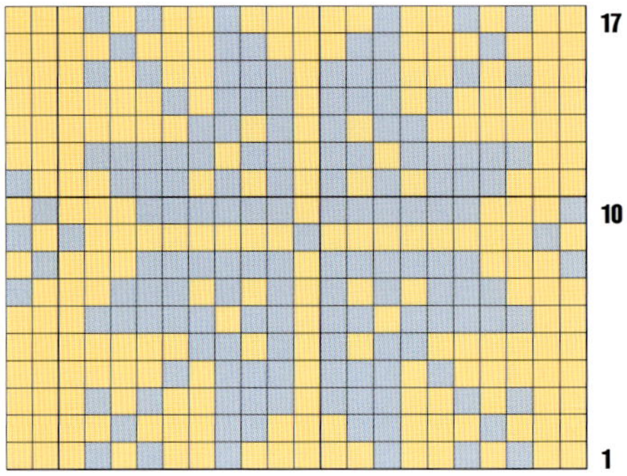
样品彩色图谱

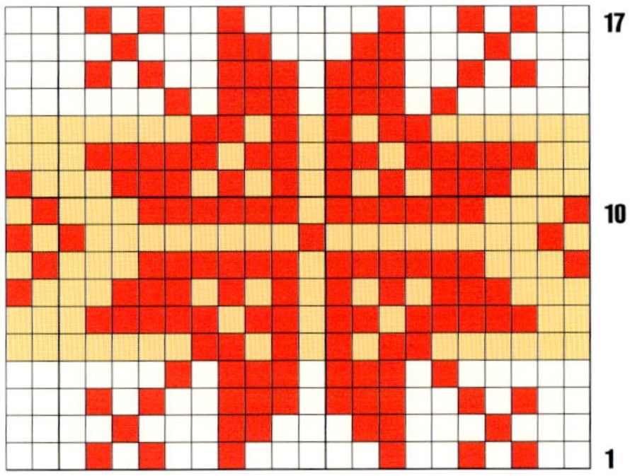
颜色变换图谱

99

3 行
8 针

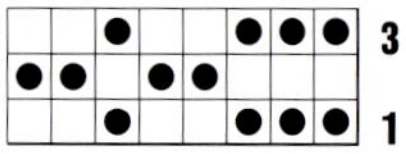

样品黑白图谱

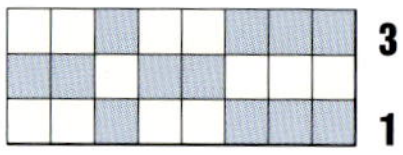

样品彩色图谱

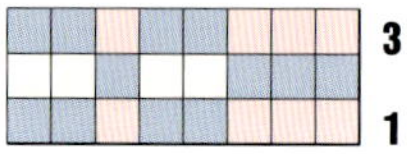

颜色变换图谱

100

7 行
16 针

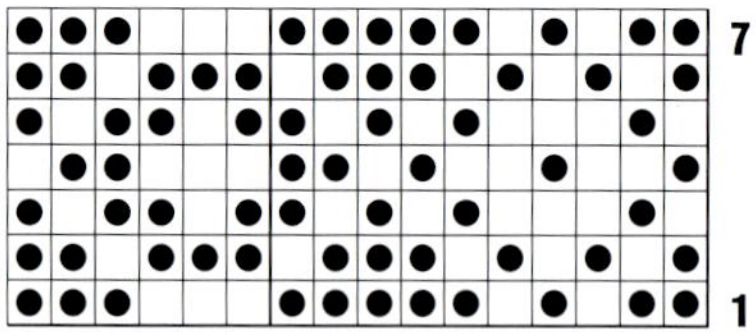

样品黑白图谱

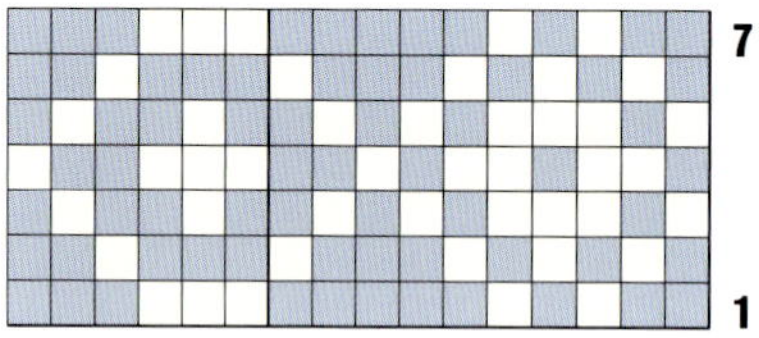

样品彩色图谱

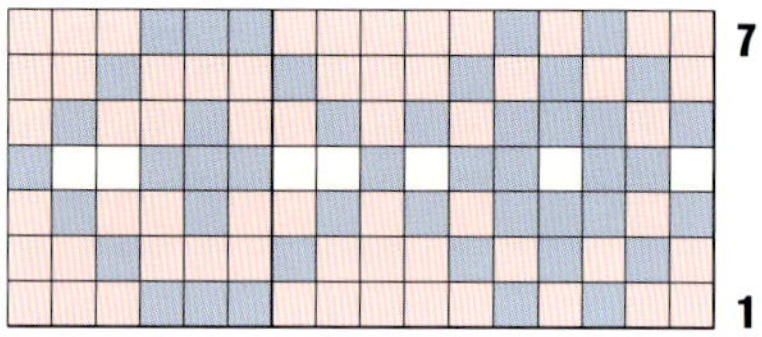

颜色变换图谱

101

15 行
16 针

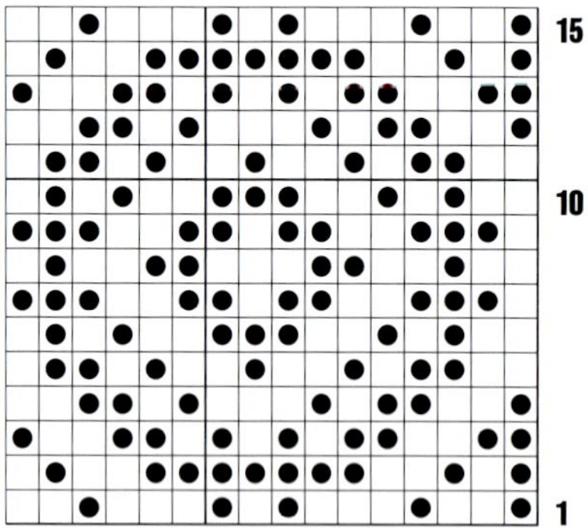

样品黑白图谱

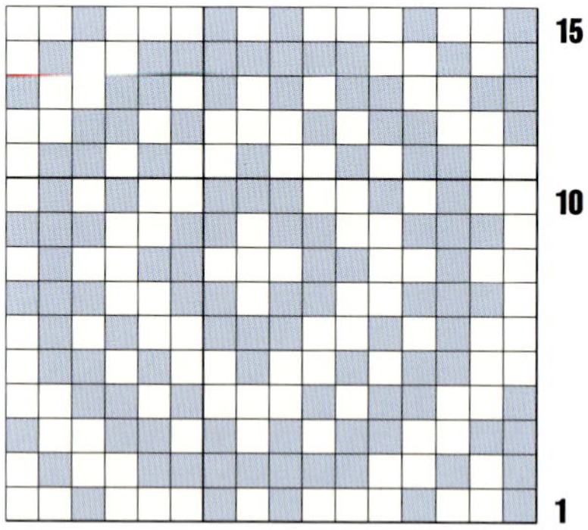

样品彩色图谱

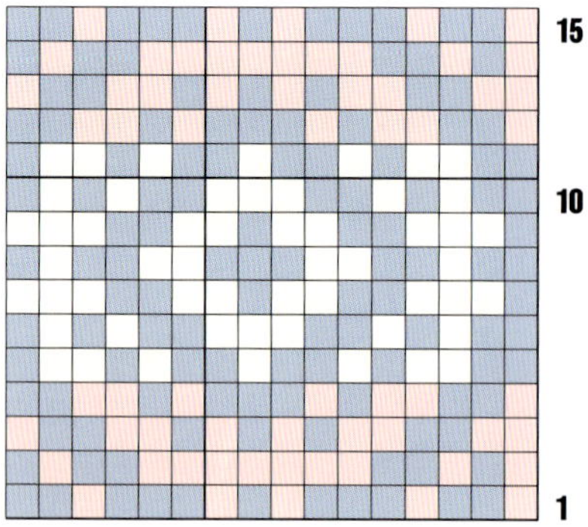

颜色变换图谱

102

5 行
8 针

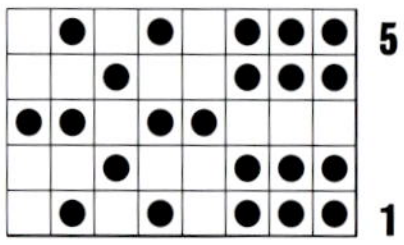

样品黑白图谱

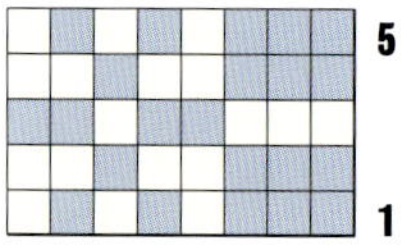

样品彩色图谱

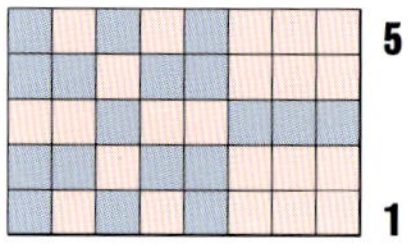

颜色变换图谱

103

21行
24针

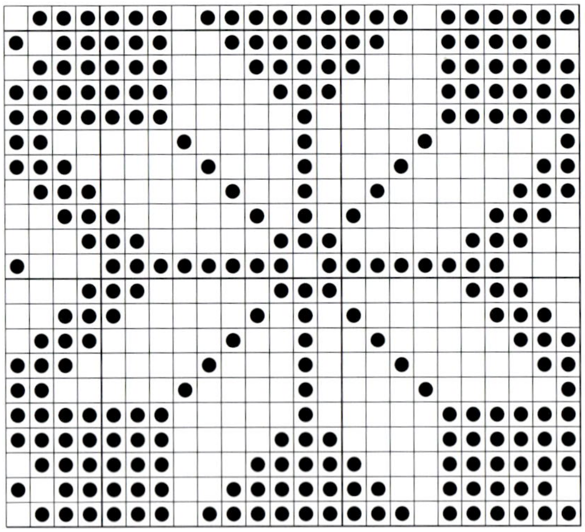

样品黑白图谱

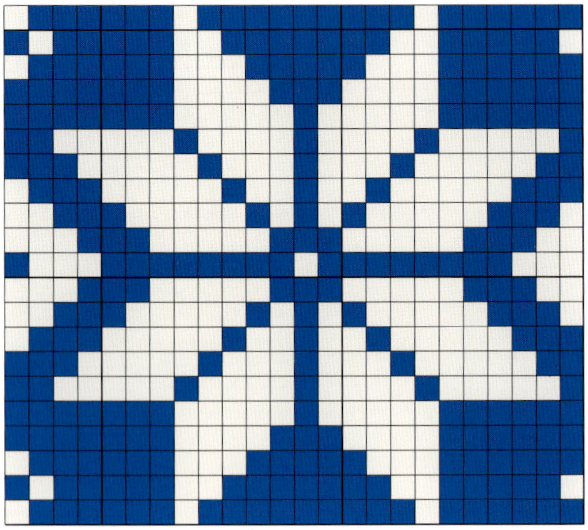

样品彩色图谱

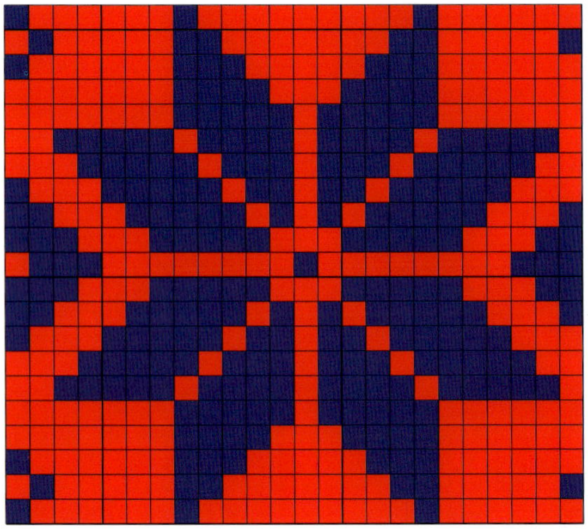

颜色变换图谱

104

10行
4针

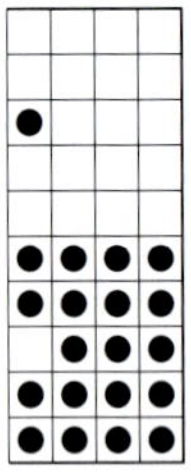

样品黑白图谱

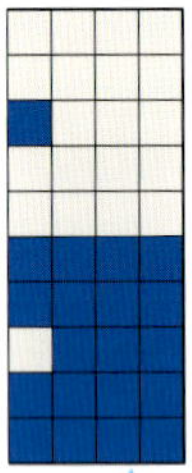

样品彩色图谱

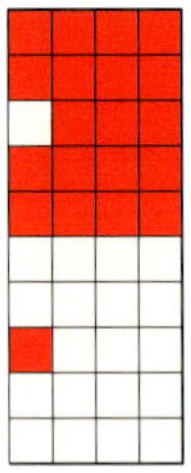

颜色变换图谱

105

6行
6针

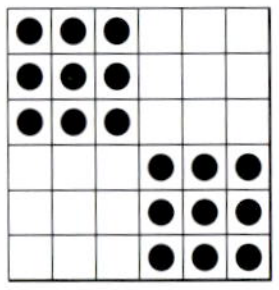

样品黑白图谱

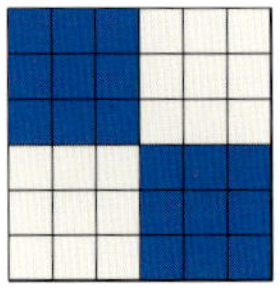

样品彩色图谱

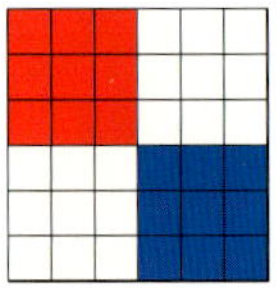

颜色变换图谱

106

10 行
14 针

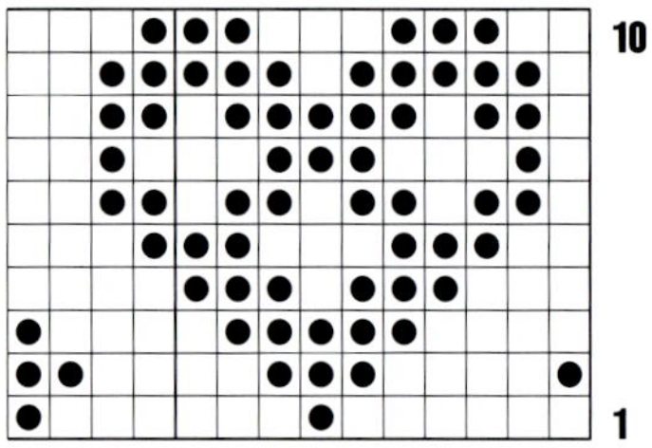

样品黑白图谱

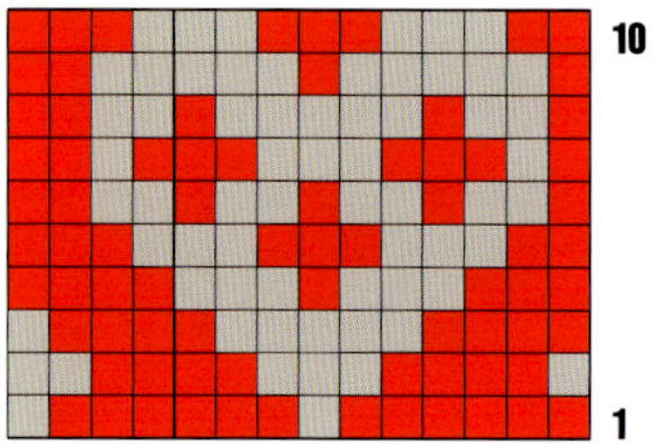

样品彩色图谱

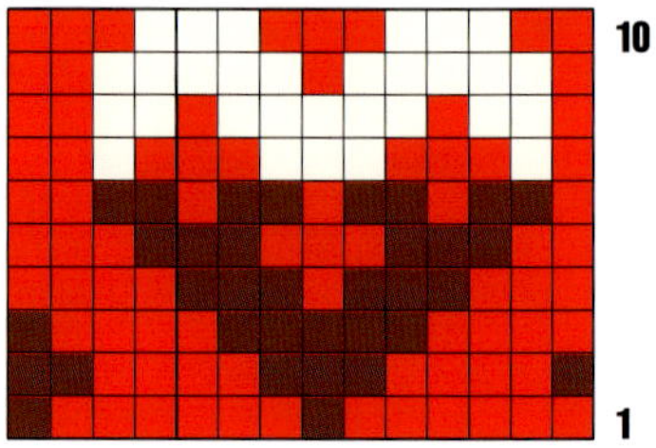

颜色变换图谱

107

15 行
22 针

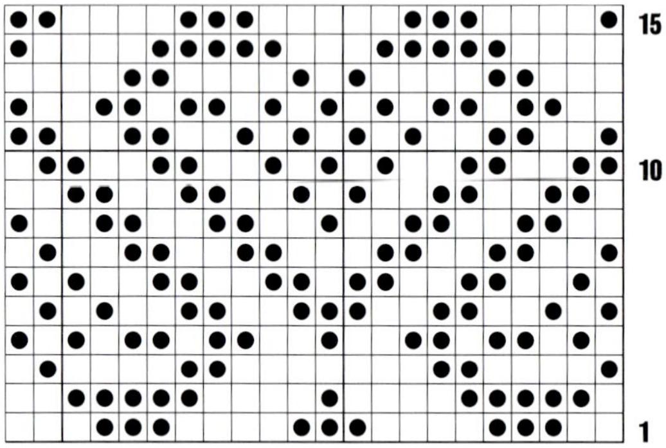

样品黑白图谱

样品彩色图谱

颜色变换图谱

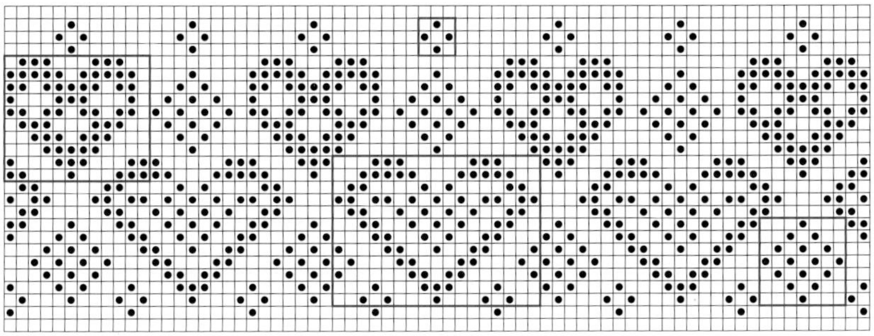

花样搭配 12 + 106 + 162 + 107

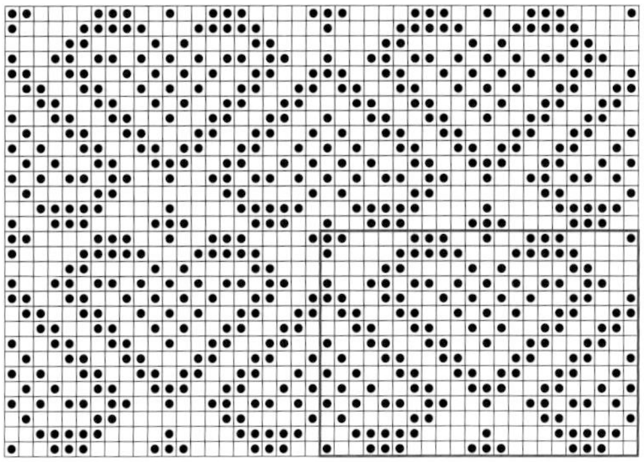

满花重复图谱

108

9行
12针

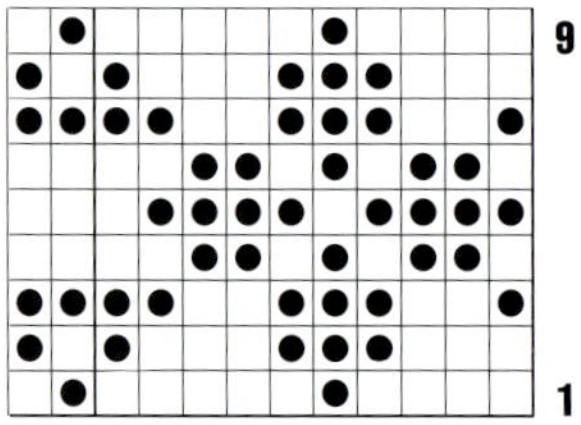

样品黑白图谱

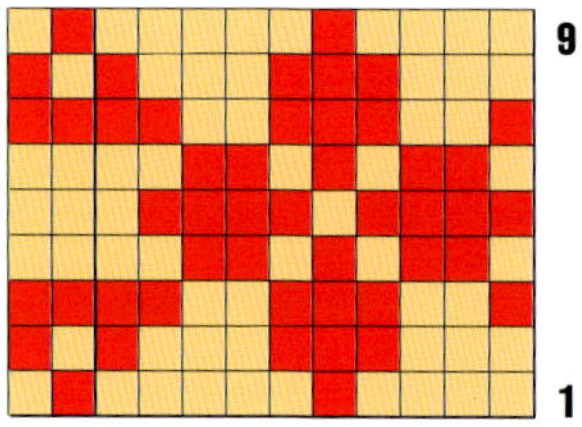

样品彩色图谱

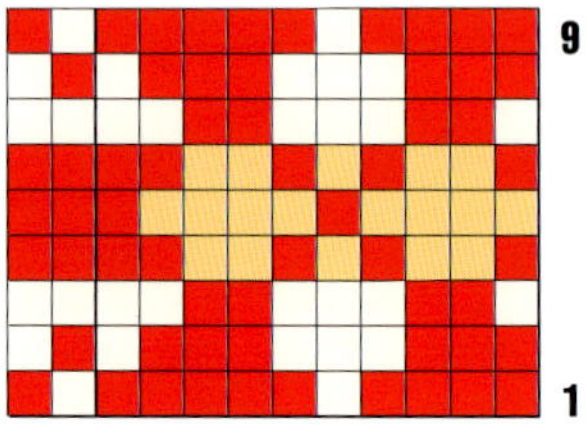

颜色变换图谱

109

19行
22针

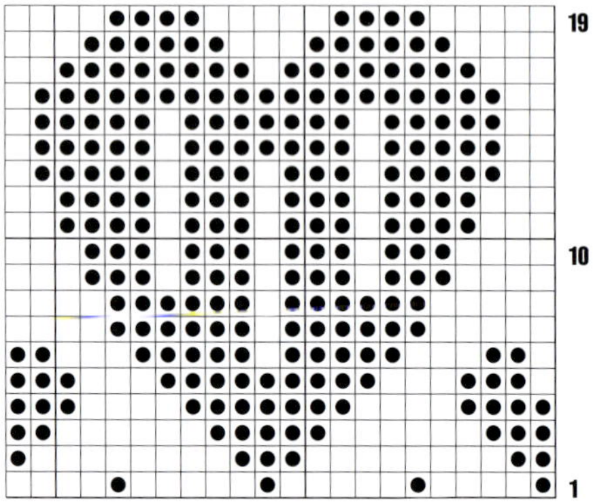

样品黑白图谱

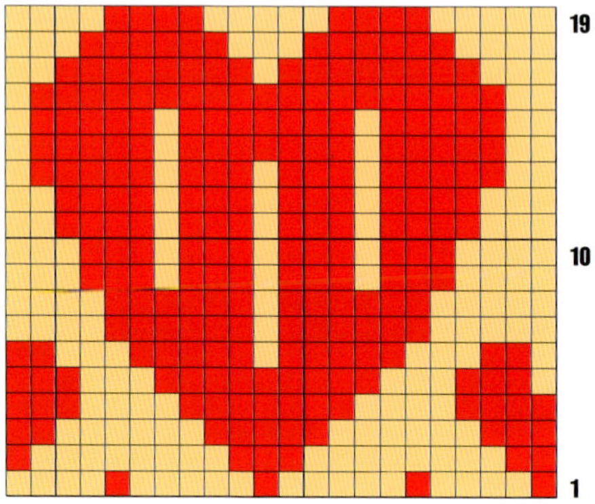

样品彩色图谱

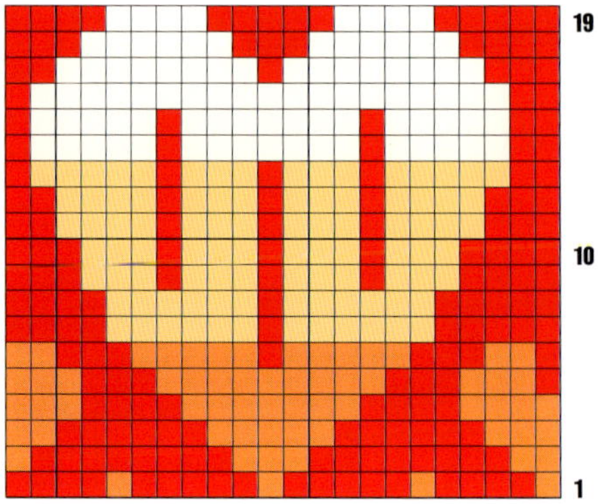

颜色变换图谱

110

13行
4针

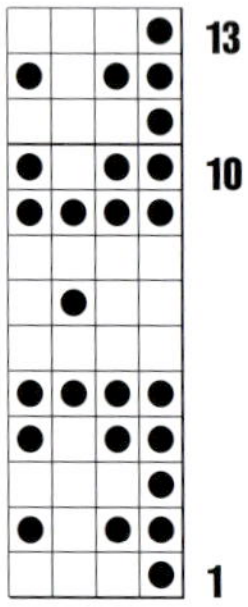

样品黑白图谱

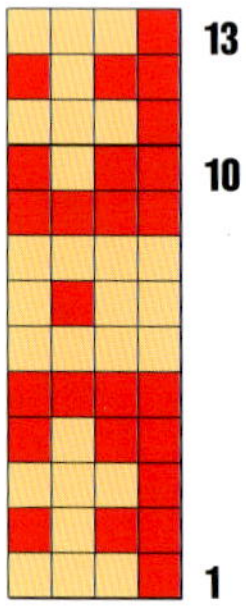

样品彩色图谱

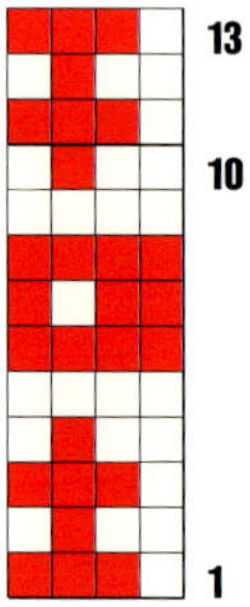

颜色变换图谱

111

4行
8针

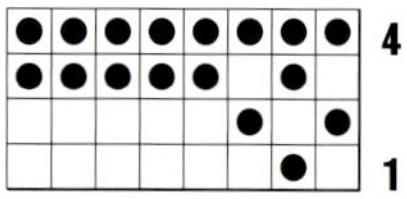

样品黑白图谱

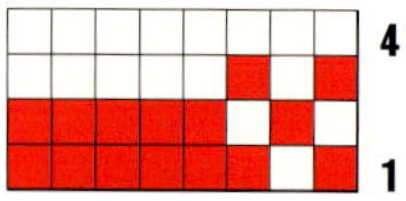

样品彩色图谱

颜色变换图谱

112

14行
16针

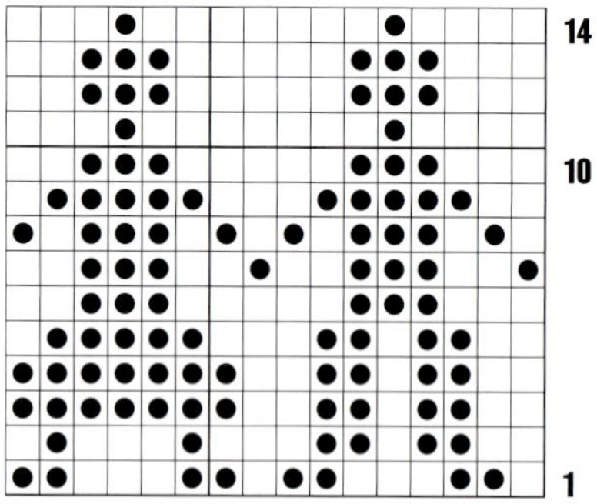

样品黑白图谱

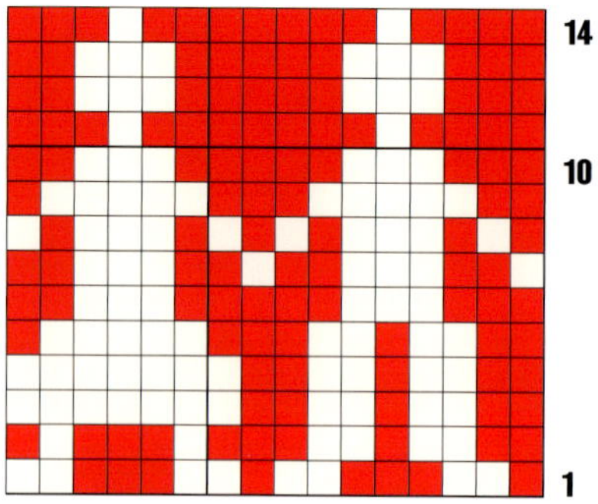

样品彩色图谱

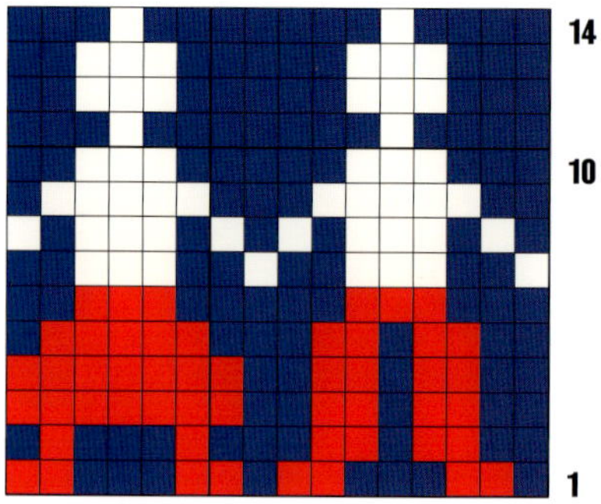

颜色变换图谱

113

6行
8针

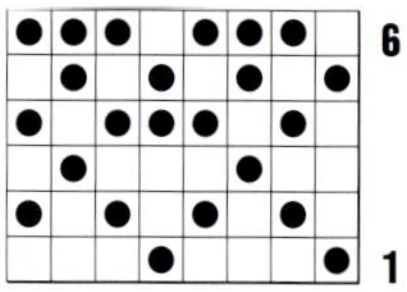

样品黑白图谱

样品彩色图谱

颜色变换图谱

114

28行
32针

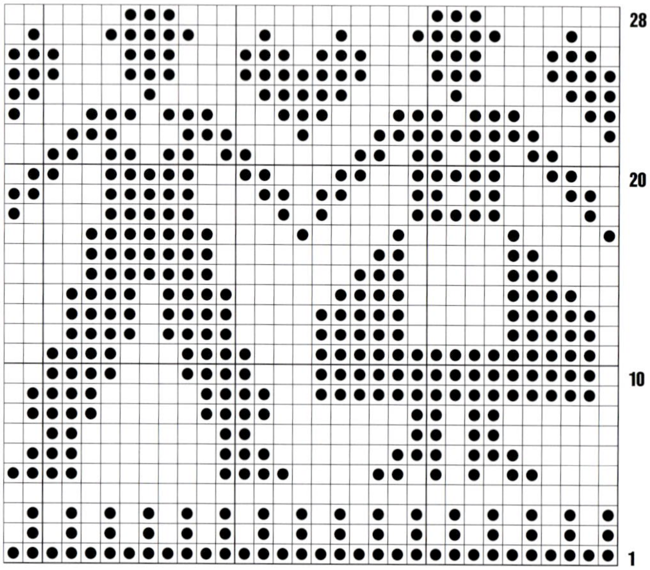

样品黑白图谱

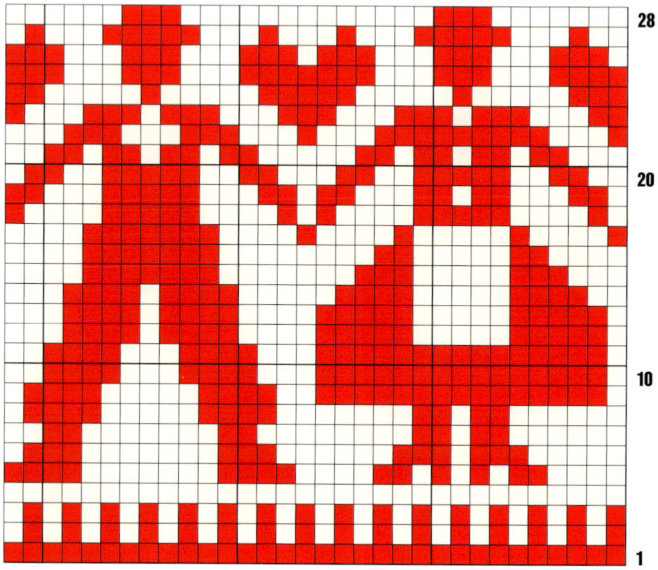

样品彩色图谱

115

12行
12针

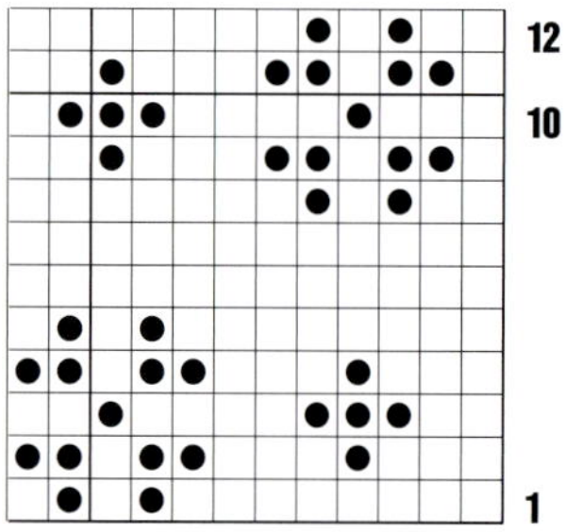

样品黑白图谱

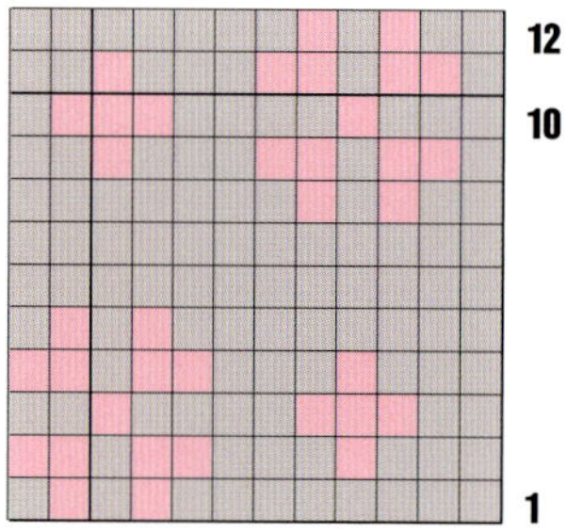

样品彩色图谱

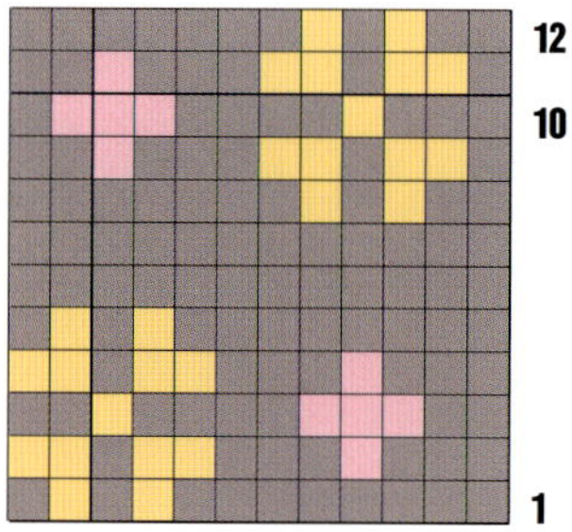

颜色变换图谱

116

16行
12针

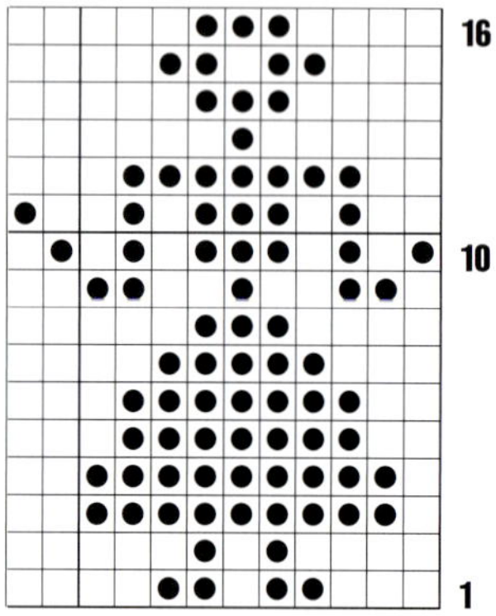

样品黑白图谱

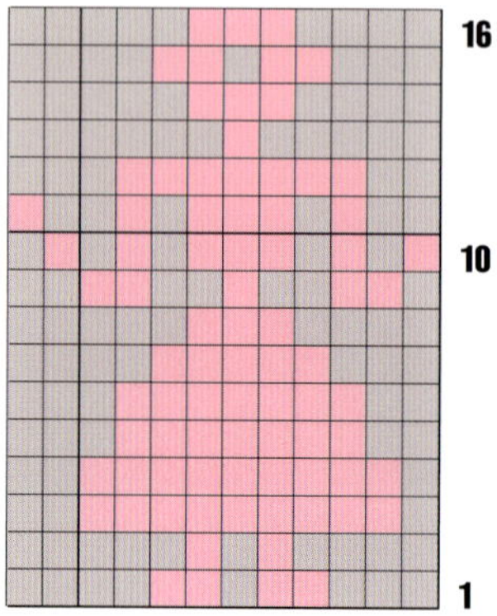

样品彩色图谱

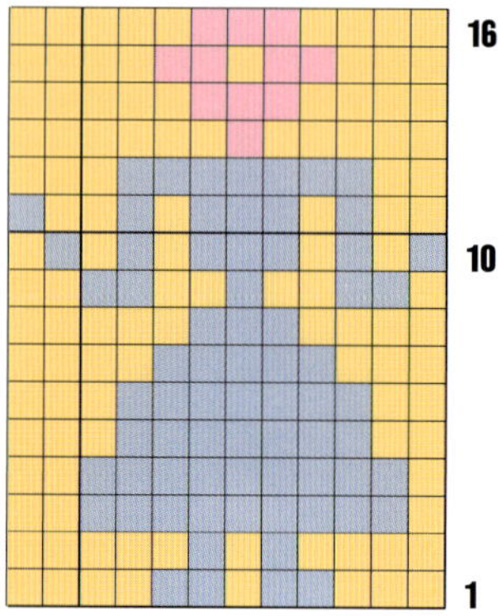

颜色变换图谱

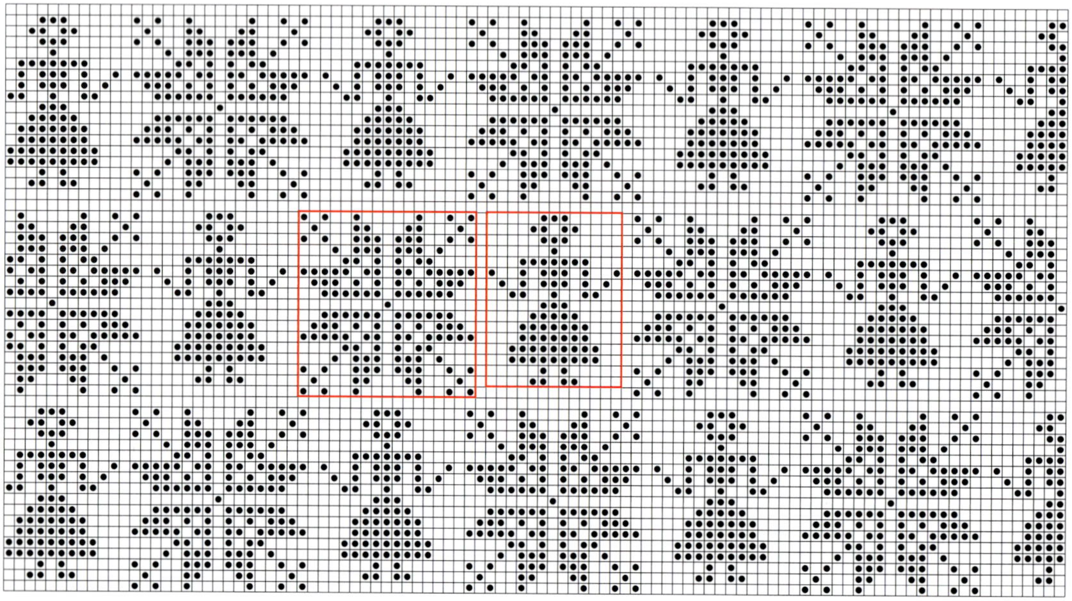

花样搭配 116 + 98

117

7行
14针

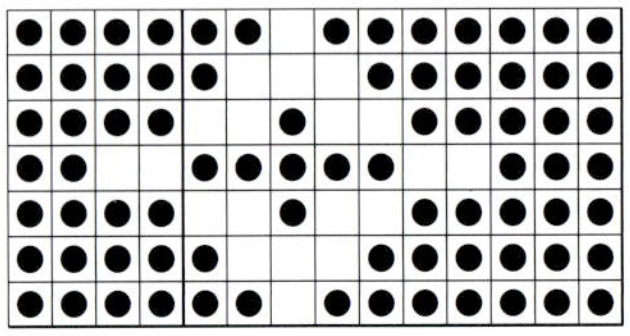
7
1

样品黑白图谱

7
1

样品彩色图谱

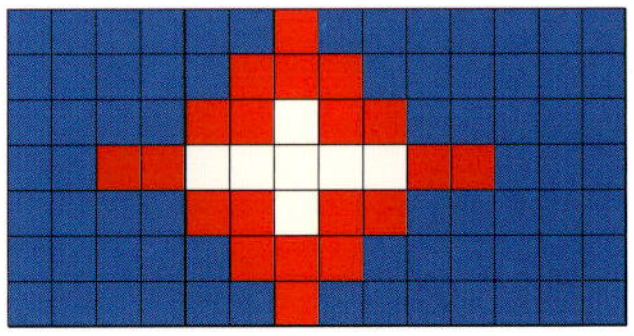
7
1

颜色变换图谱

118

4行
7针

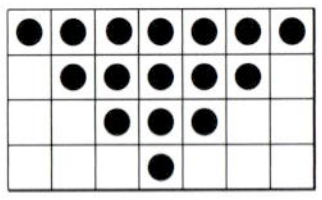
4
1

样品黑白图谱

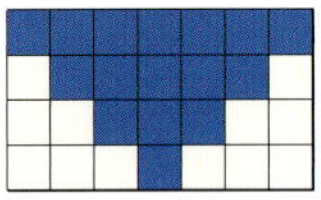
4
1

样品彩色图谱

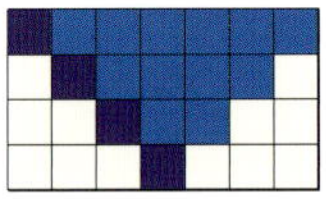
4
1

颜色变换图谱

119

33行
14针

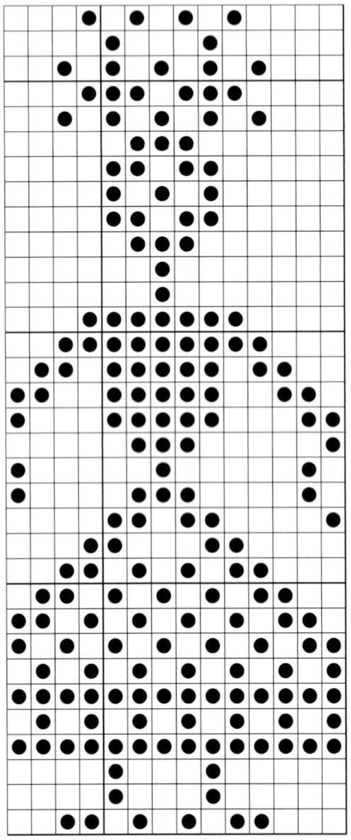
33
30
20
10
1

样品黑白图谱

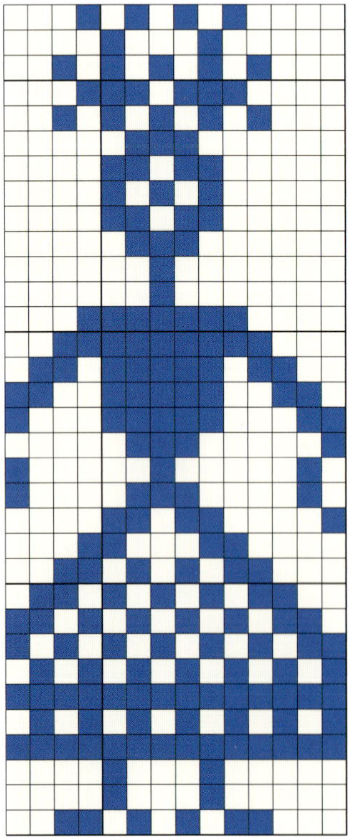
33
30
20
10
1

样品彩色图谱

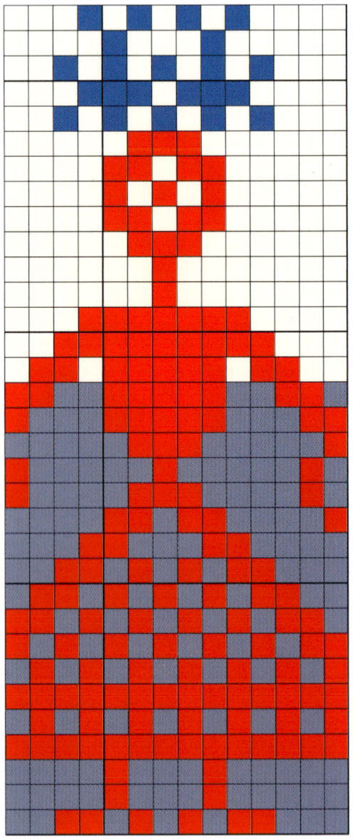
33
30
20
10
1

颜色变换图谱

120

5行
7针

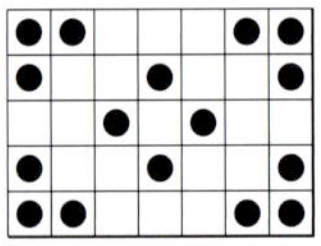
5
1

样品黑白图谱

5
1

样品彩色图谱

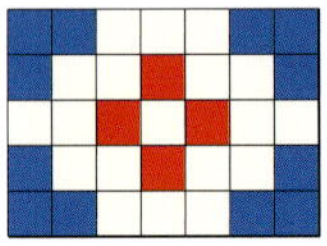
5
1

颜色变换图谱

121

11行
16针

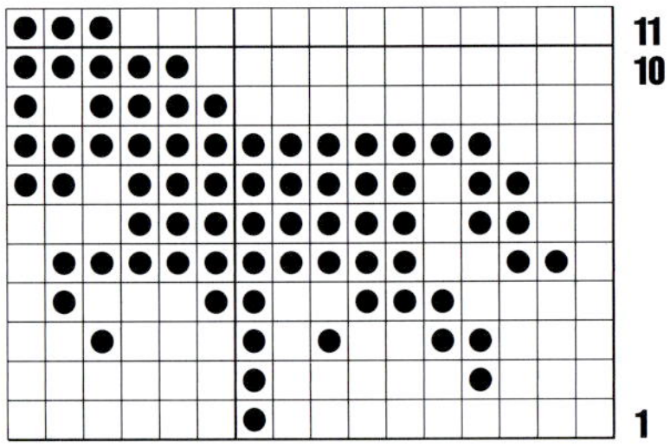

样品黑白图谱

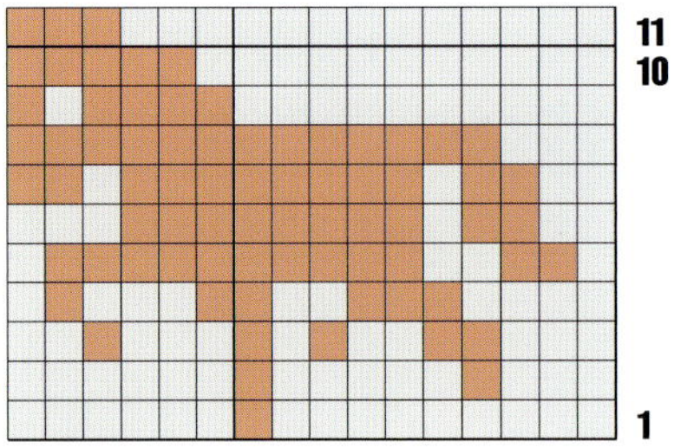

样品彩色图谱

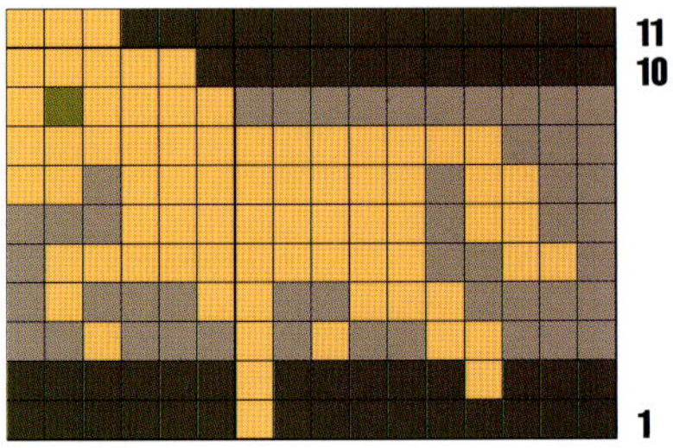

颜色变换图谱

122

2行
6针

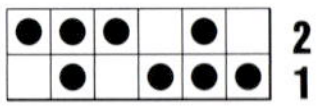

样品黑白图谱

样品彩色图谱

颜色变换图谱

123

17行
17针

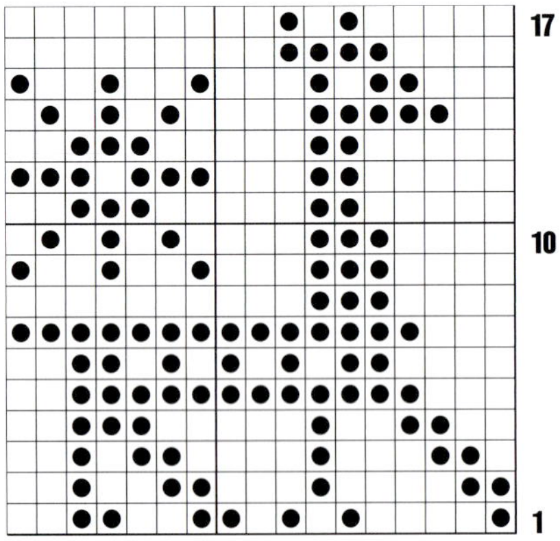

样品黑白图谱

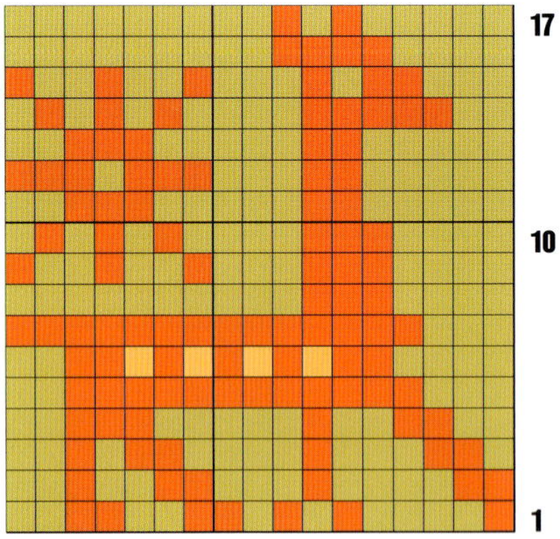

样品彩色图谱

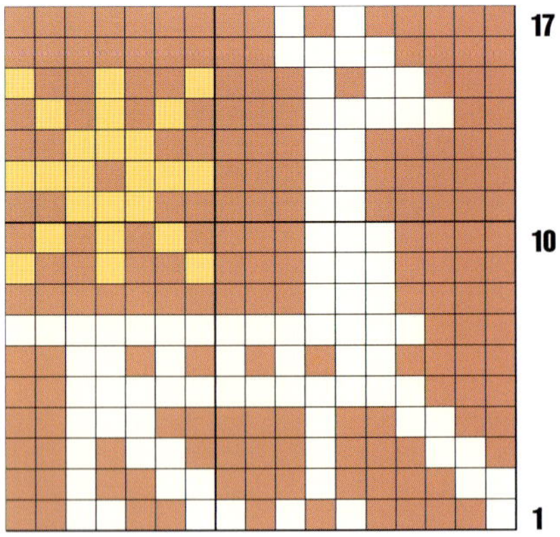

颜色变换图谱

124

3行
4针

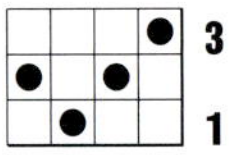

样品黑白图谱

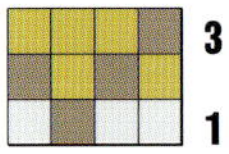

样品彩色图谱

颜色变换图谱

125

8行
12针

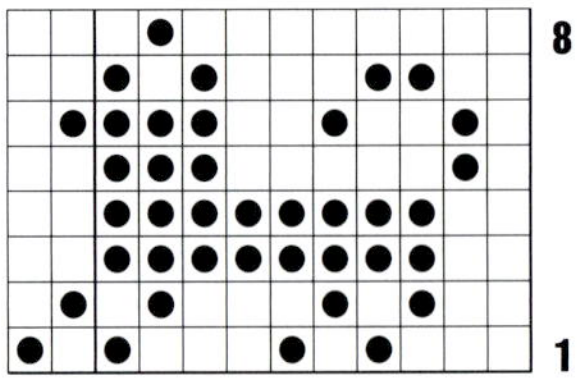

样品黑白图谱

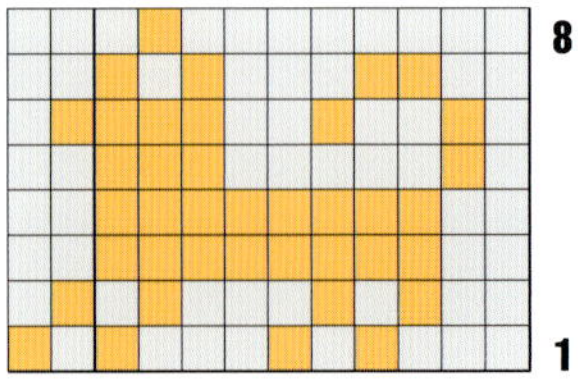

样品彩色图谱

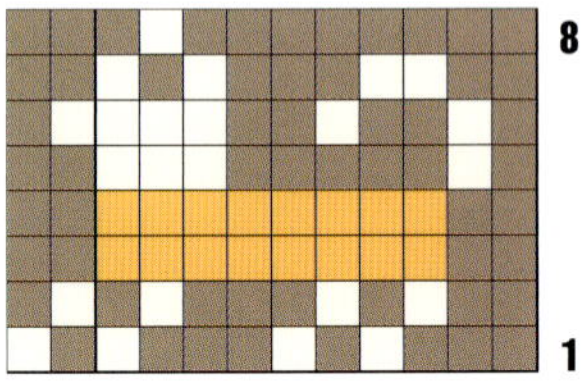

颜色变换图谱

126

12行
18针

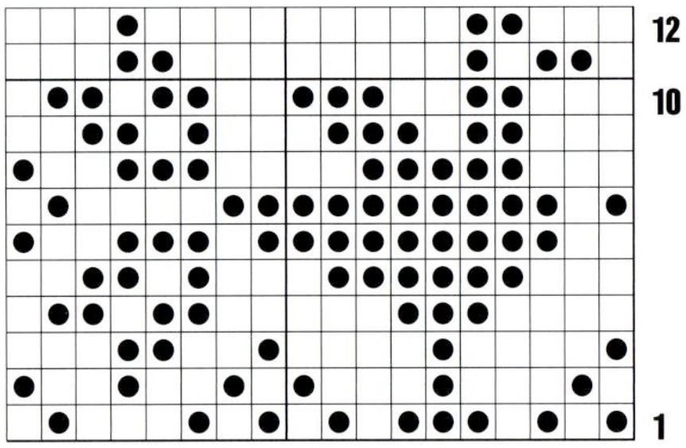

样品黑白图谱

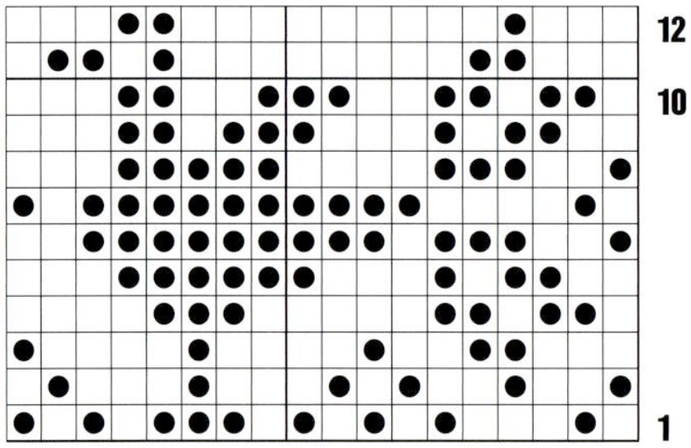

样品黑白图谱

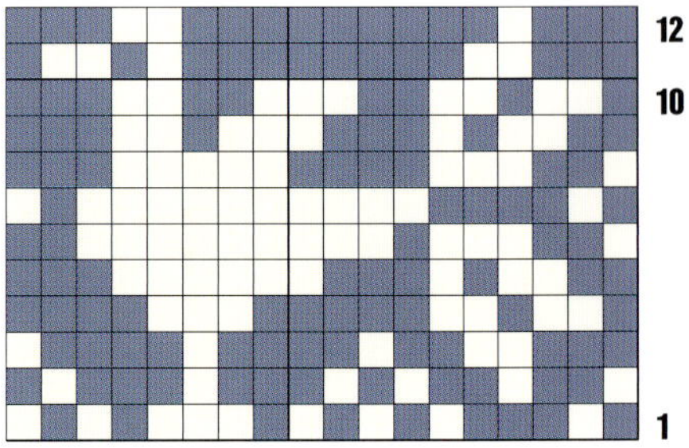

样品彩色图谱

127

14行
6针

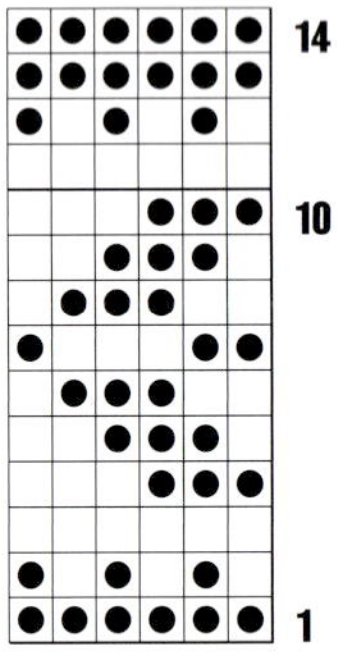

样品黑白图谱

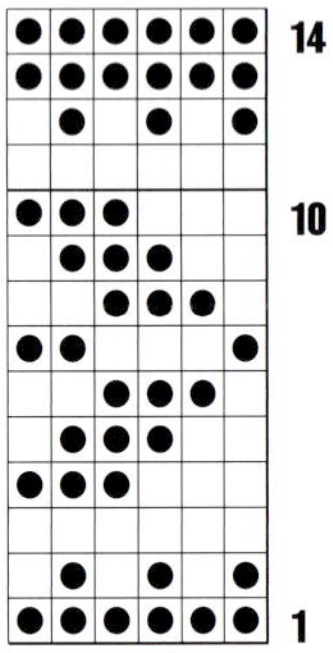

样品黑白图谱

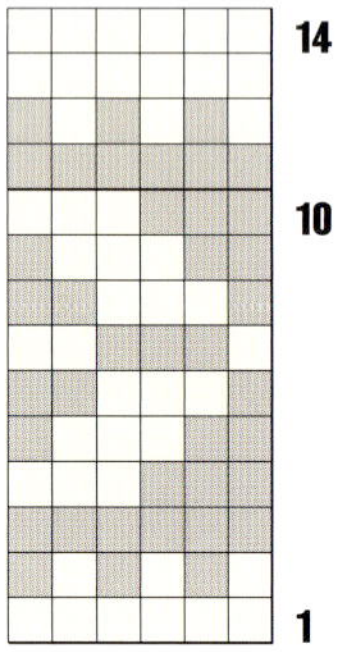

样品彩色图谱

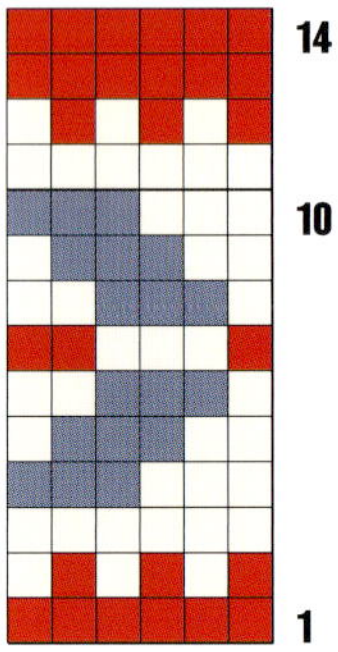

颜色变换图谱

128

18行
12针

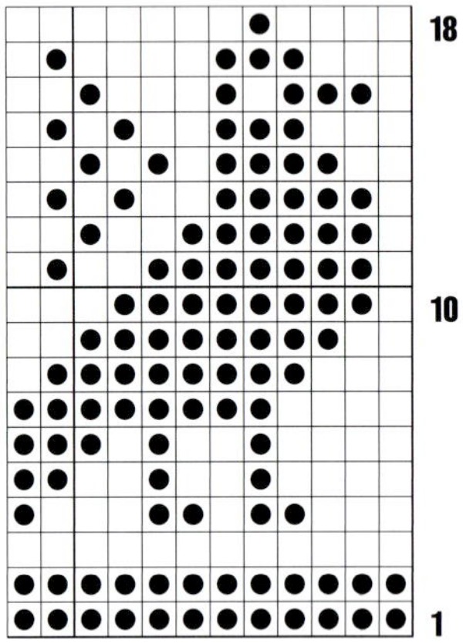

样品黑白图谱

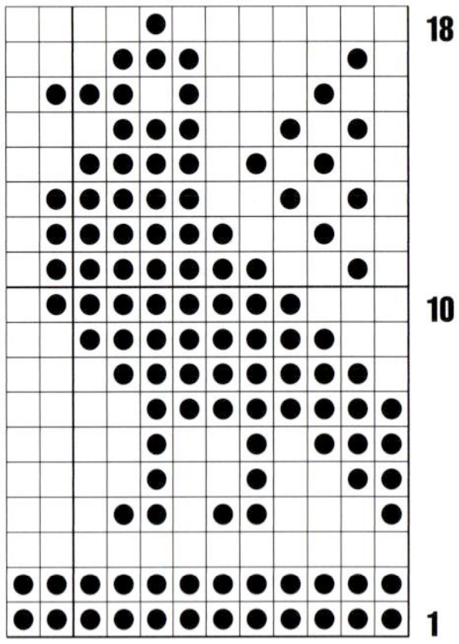

样品黑白图谱

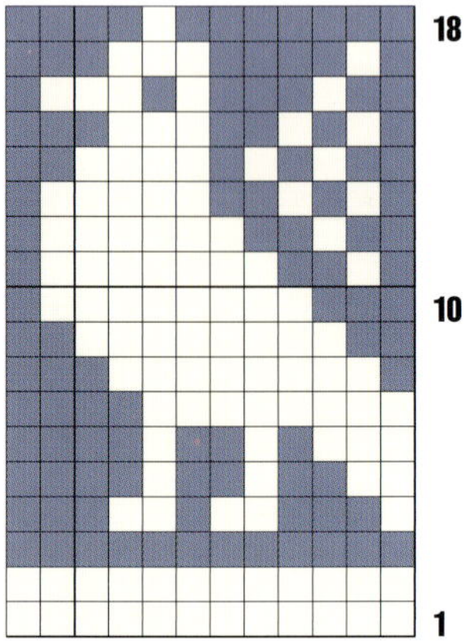

样品彩色图谱

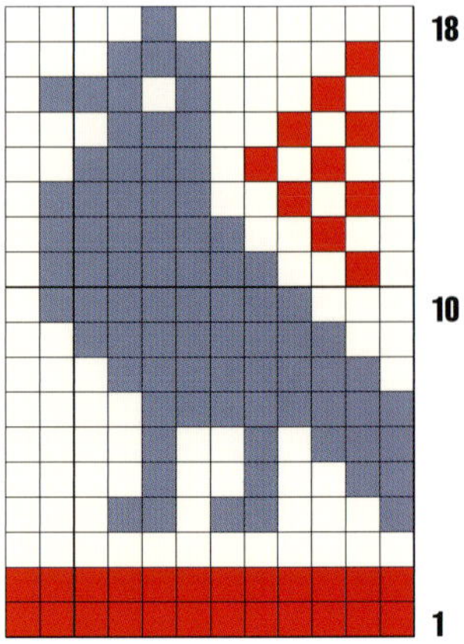

颜色变换图谱

129

8 行
12 针

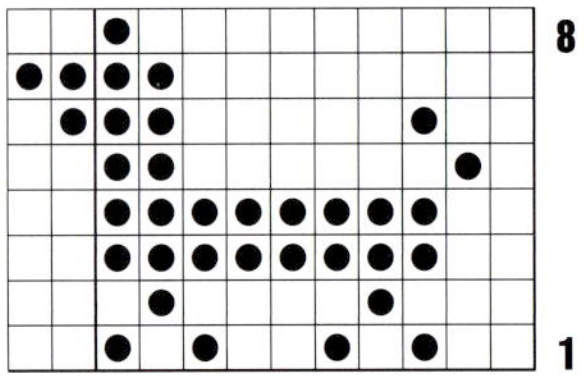

样品黑白图谱

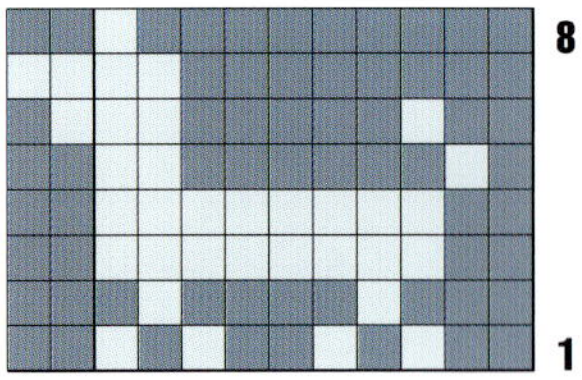

样品彩色图谱

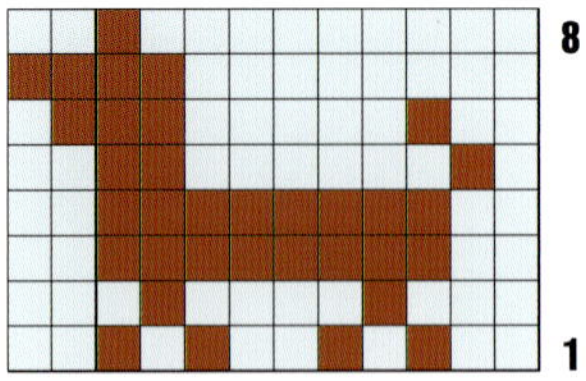

颜色变换图谱

130

11 行
16 针

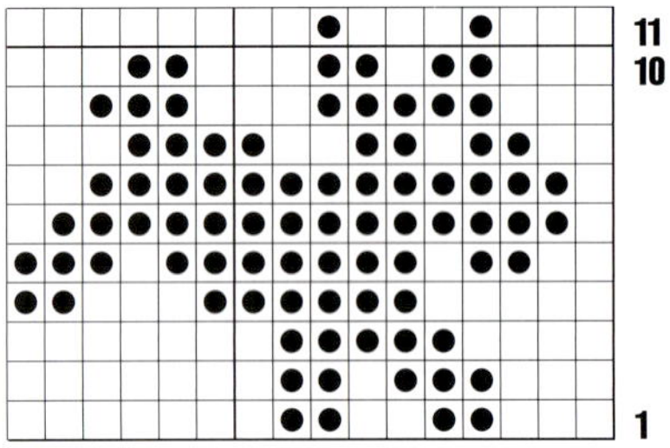

样品黑白图谱

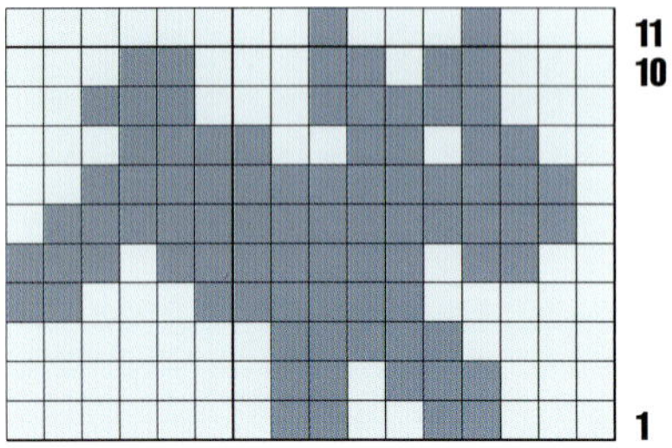

样品彩色图谱

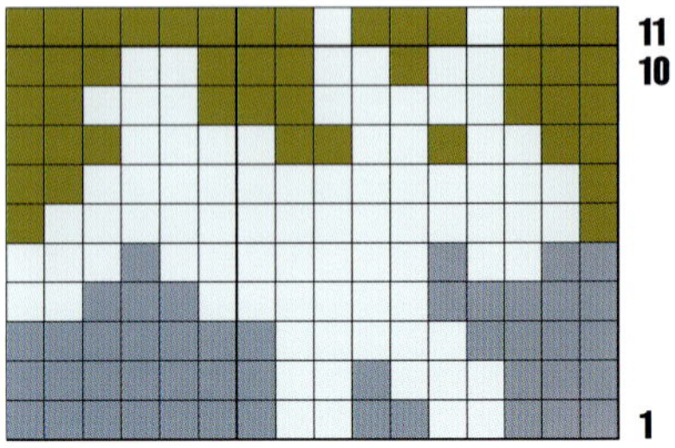

颜色变换图谱

131

4 行
10 针

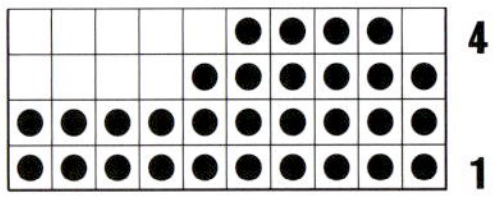

样品黑白图谱

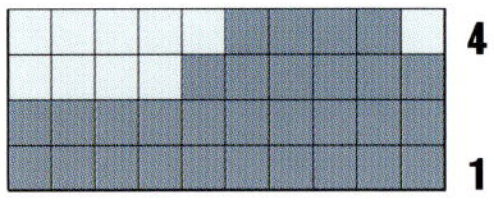

样品彩色图谱

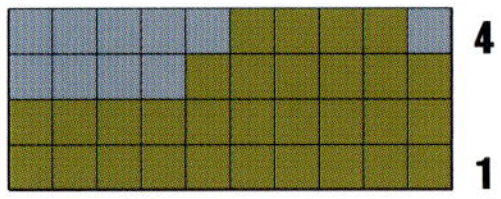

颜色变换图谱

132

23 行
26 针

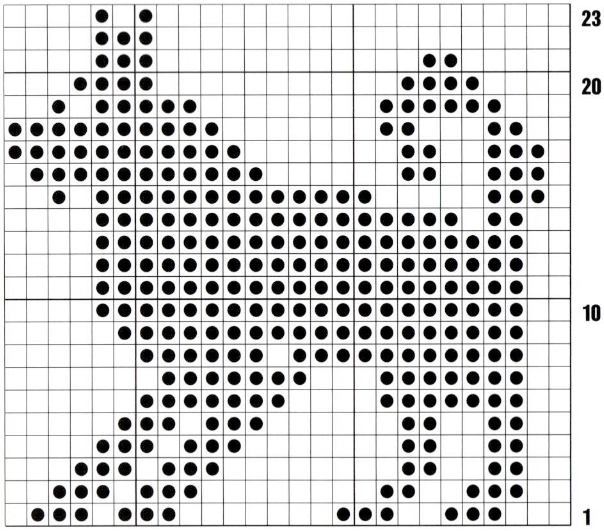

样品黑白图谱

样品彩色图谱

133

15行
16针

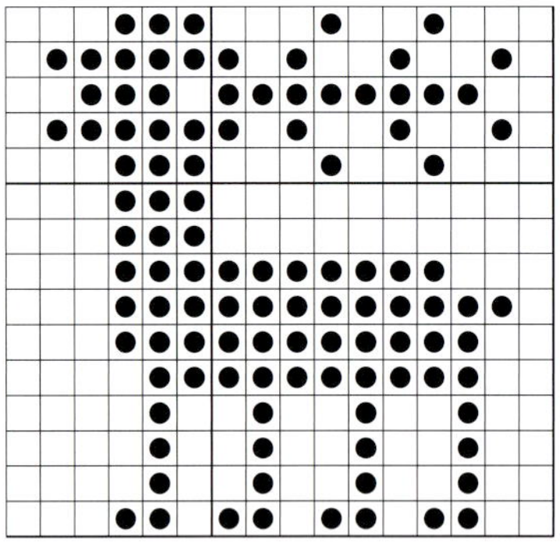

样品黑白图谱

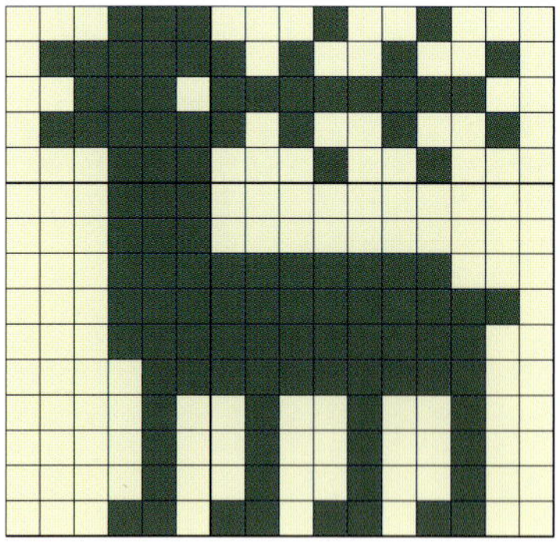

样品彩色图谱

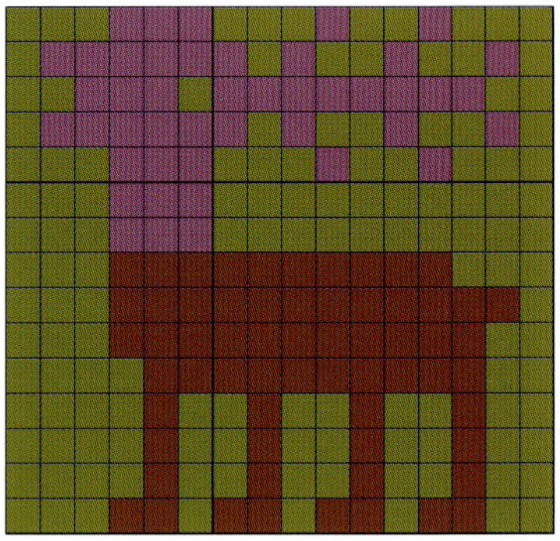

颜色变换图谱

134

5行
8针

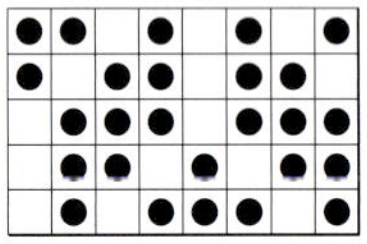

样品黑白图谱

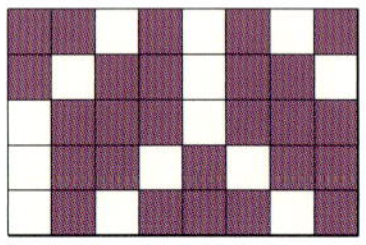

样品彩色图谱

颜色变换图谱

135

22行
22针

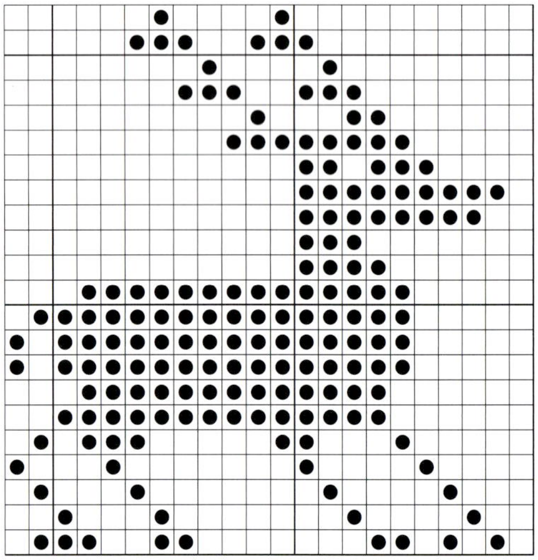

样品黑白图谱

样品彩色图谱

136

19行
21针

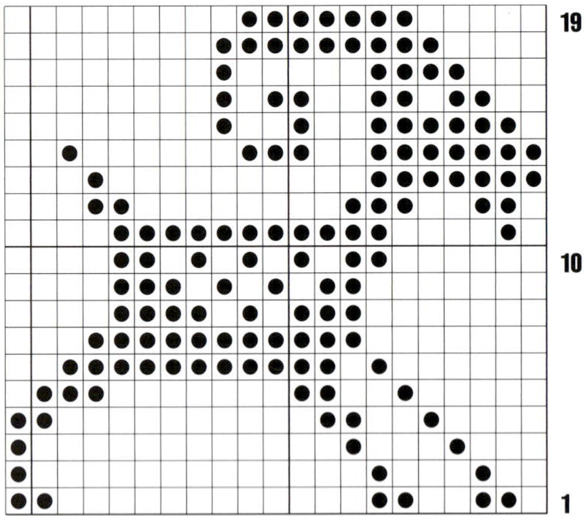

样品黑白图谱

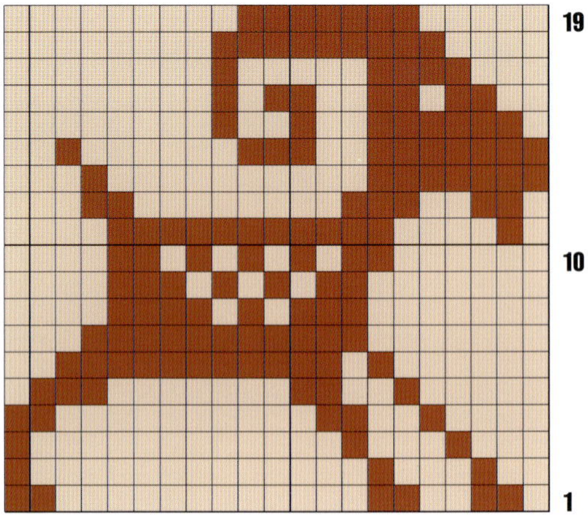

样品彩色图谱

137

3行
6针

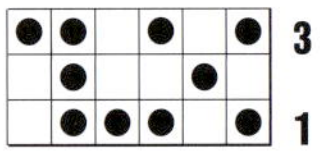

样品黑白图谱

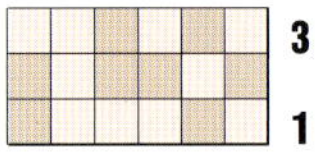

样品彩色图谱

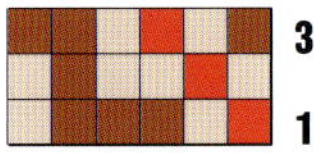

颜色变换图谱

138

20行
23针

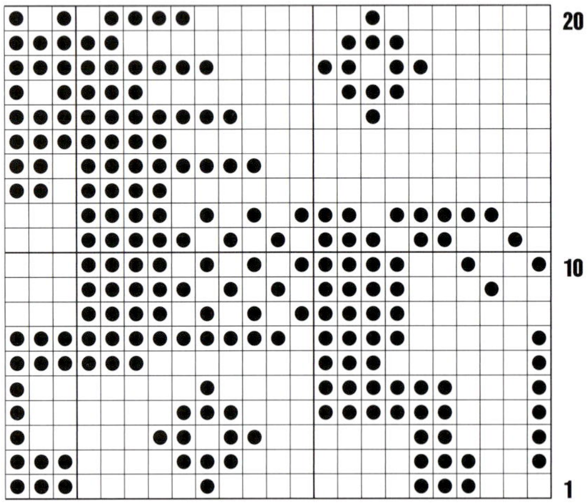

样品黑白图谱

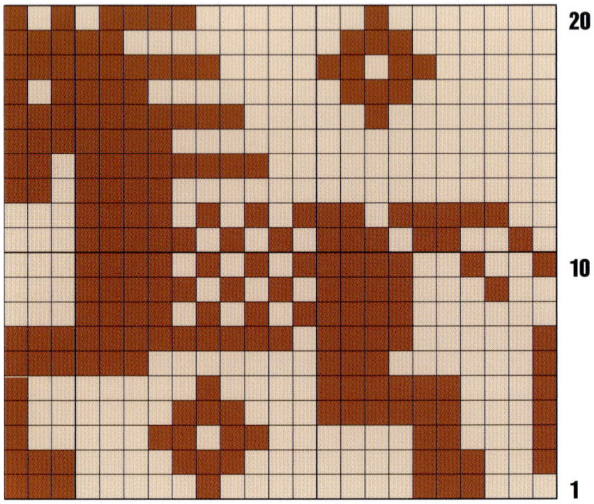

样品彩色图谱

139

23行
30针

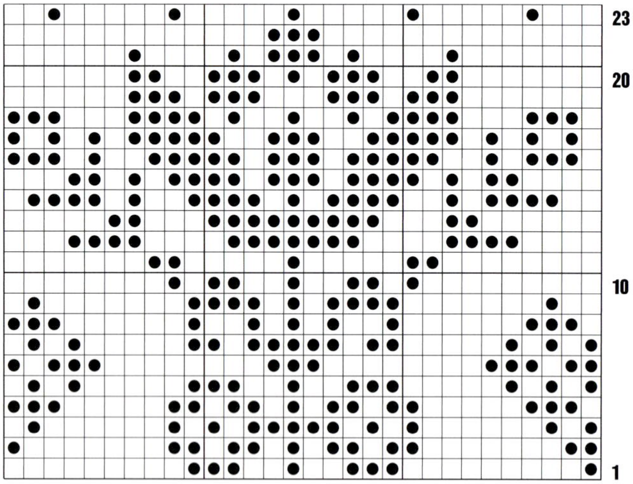

样品黑白图谱

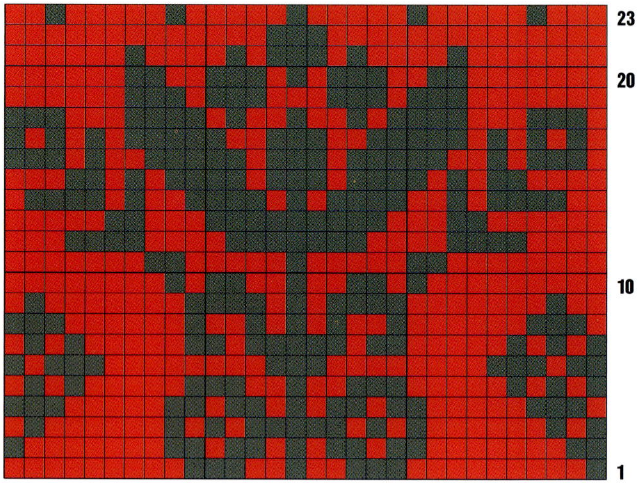

样品彩色图谱

140

20行
55针

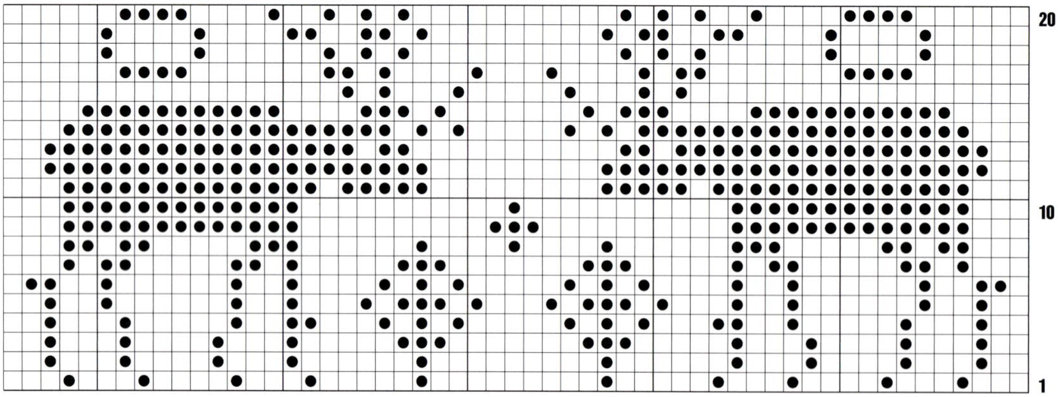

样品黑白图谱

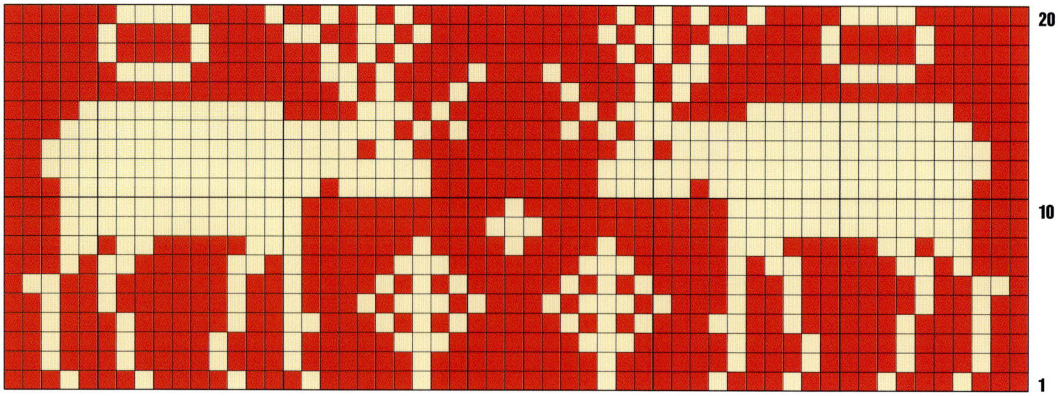

样品彩色图谱

141

5行
5针

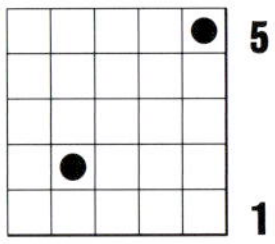

样品黑白图谱

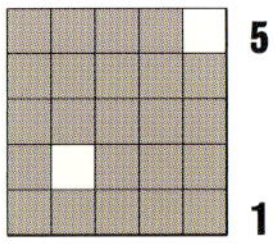

样品彩色图谱

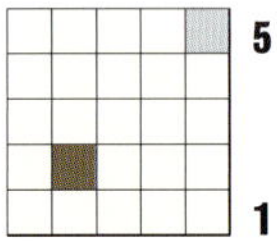

颜色变换图谱

142

8行
10针

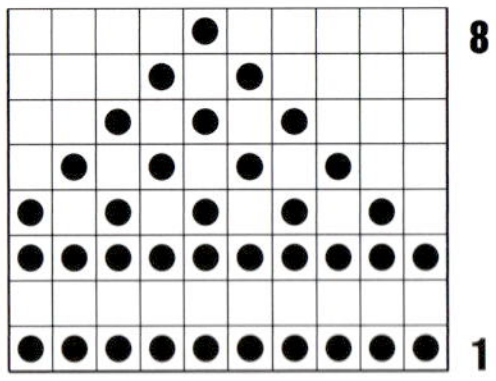

样品黑白图谱

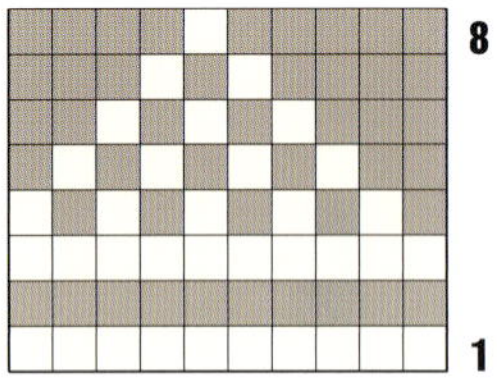

样品彩色图谱

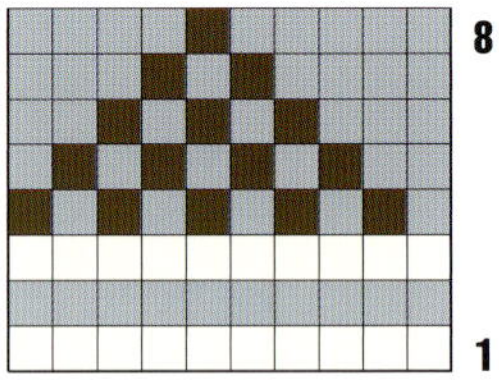

颜色变换图谱

143

8行
10针

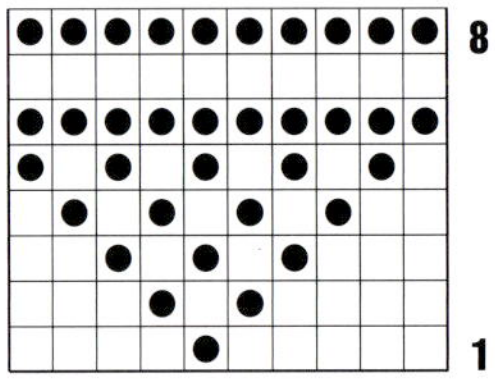

样品黑白图谱

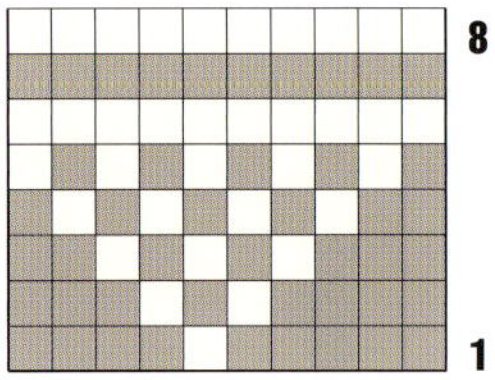

样品彩色图谱

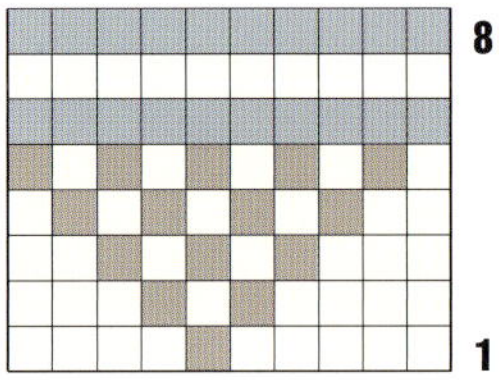

颜色变换图谱

144

26行
23针

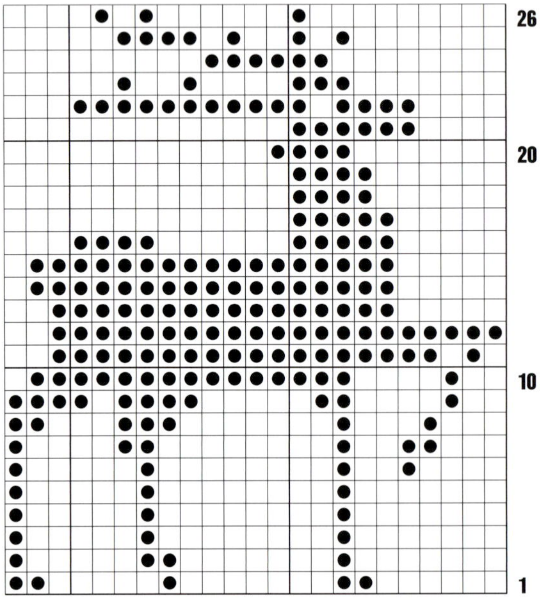

样品黑白图谱

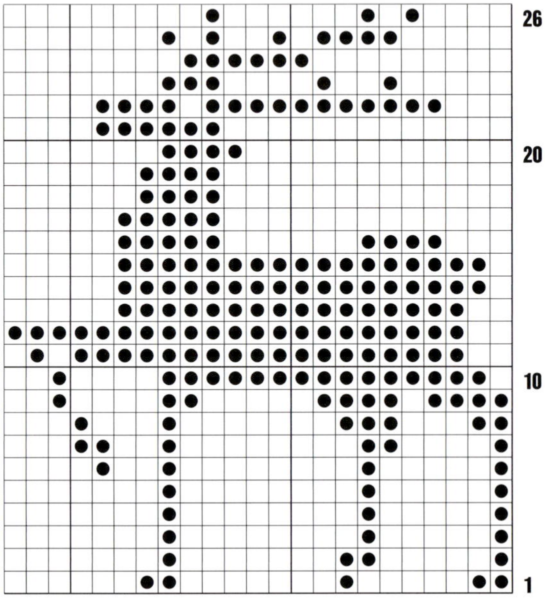

样品黑白图谱

145

10行
8针

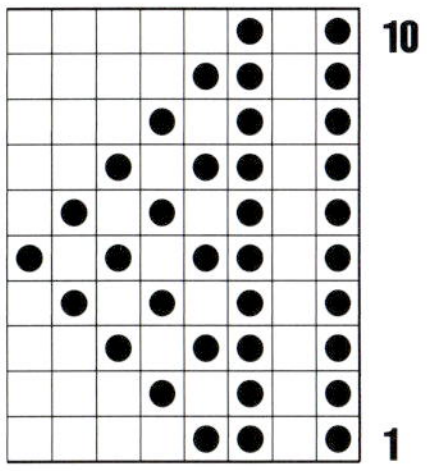

样品黑白图谱

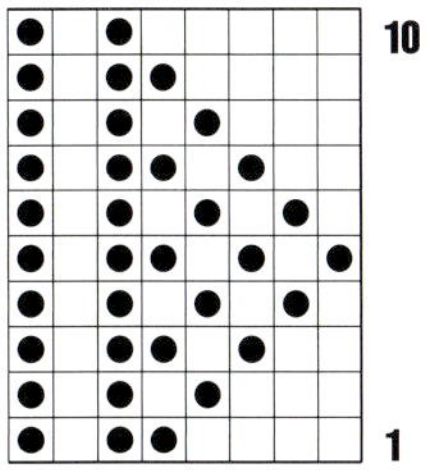

样品黑白图谱

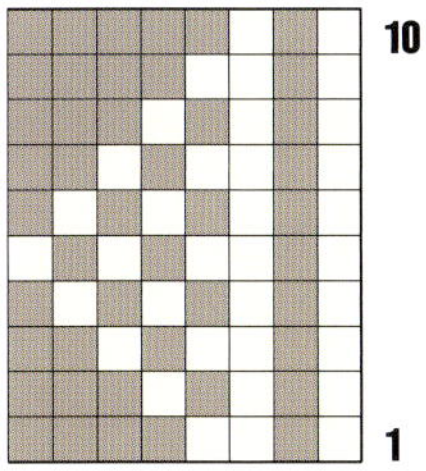

样品彩色图谱

146

8行
8针

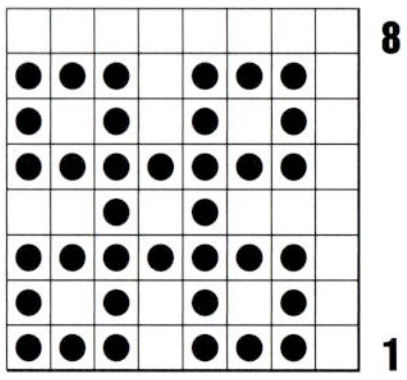

样品黑白图谱

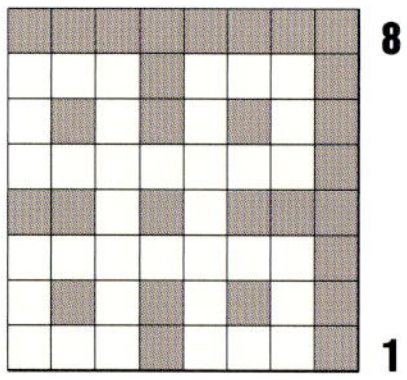

样品彩色图谱

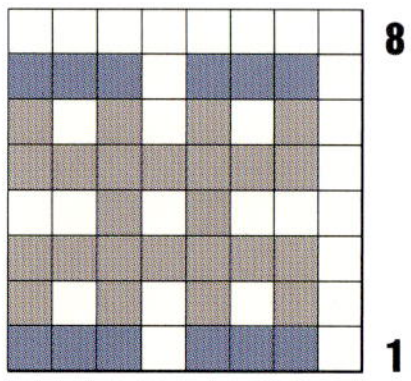

颜色变换图谱

147

15行
15针

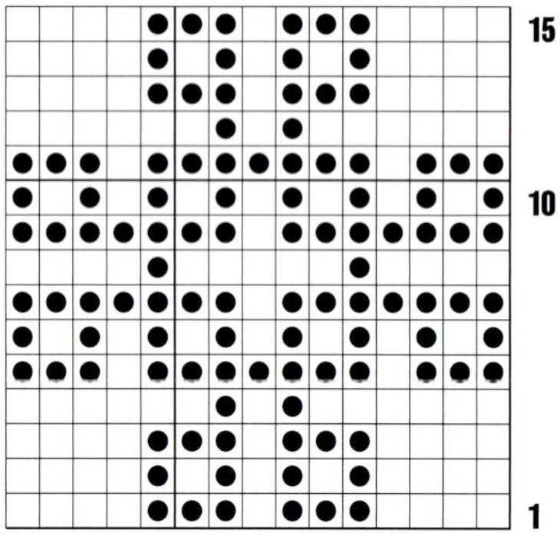

样品黑白图谱

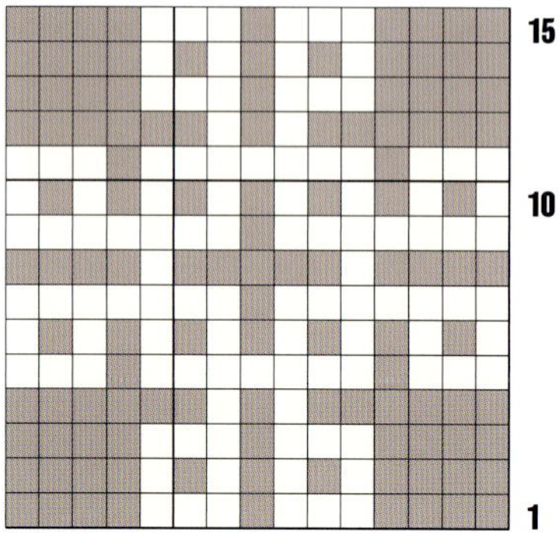

样品彩色图谱

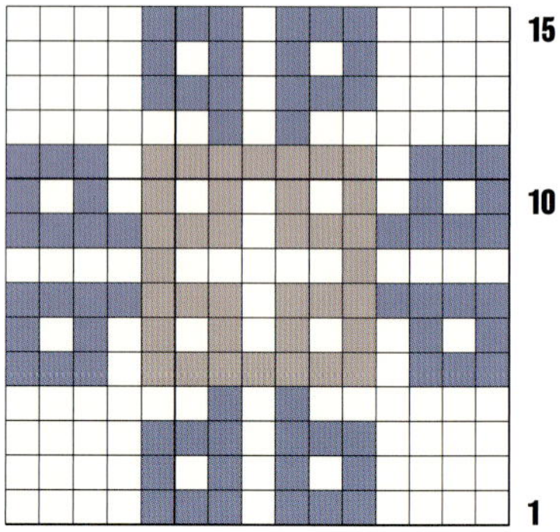

颜色变换图谱

148

7行
8针

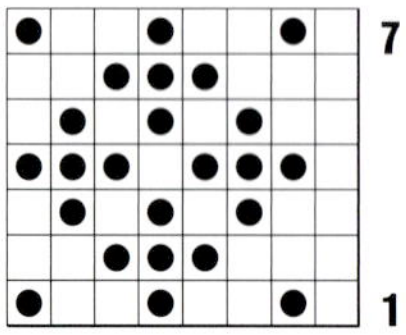

样品黑白图谱

样品彩色图谱

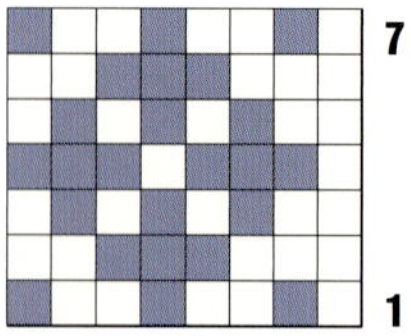

颜色变换图谱

149

7行
8针

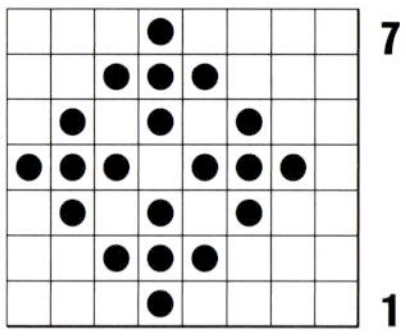

样品黑白图谱

样品彩色图谱

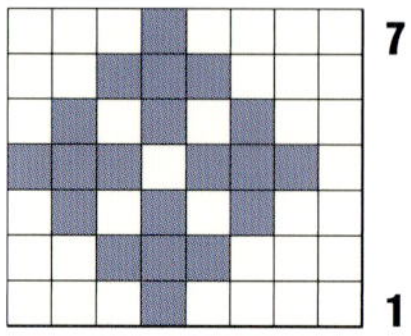

颜色变换图谱

150

15行
15针

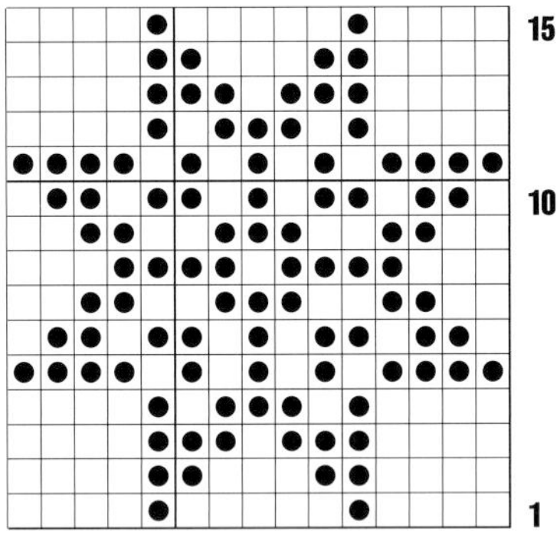

样品黑白图谱

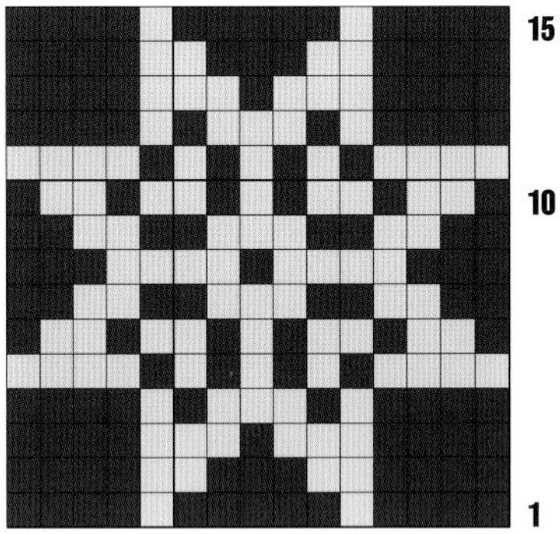

样品彩色图谱

151

15行
15针

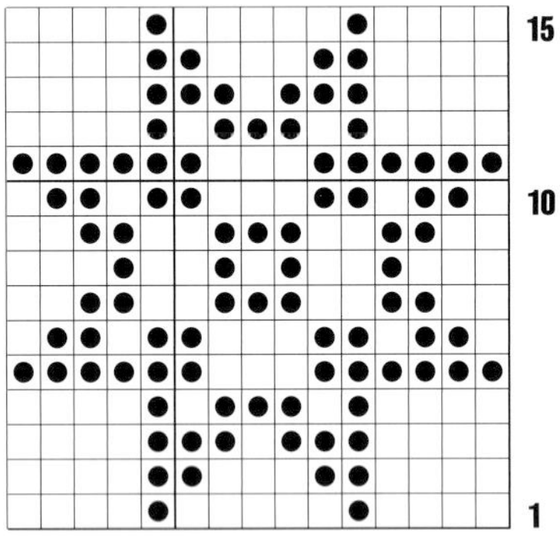

样品黑白图谱

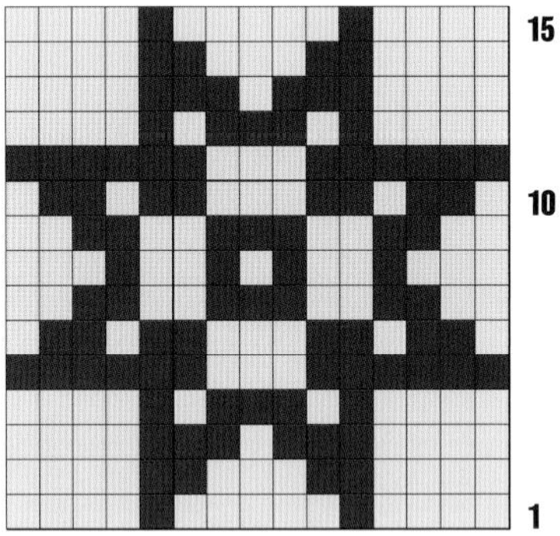

样品彩色图谱

152

15行
15针

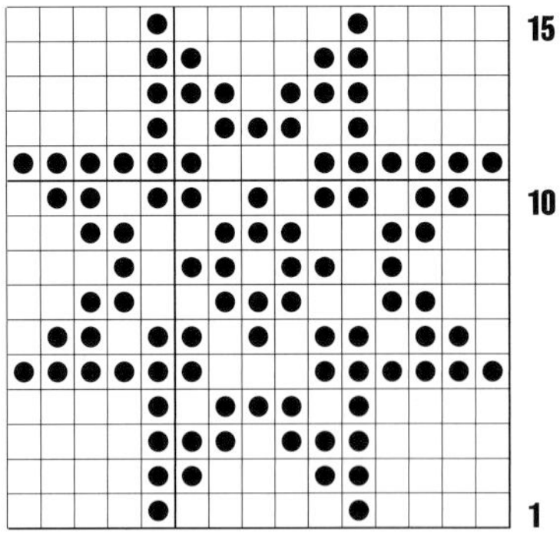

样品黑白图谱

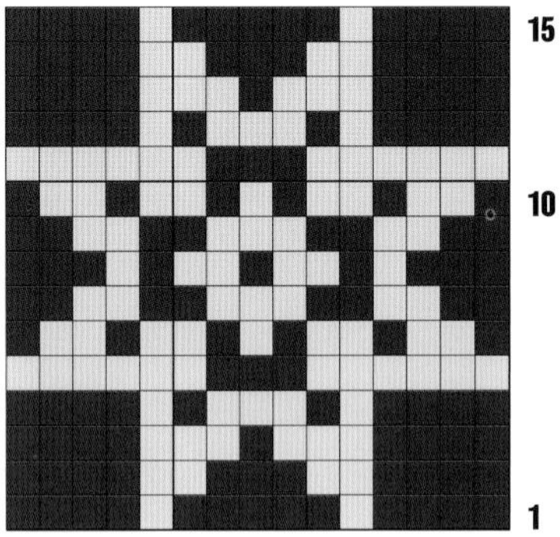

样品彩色图谱

153

15 行
15 针

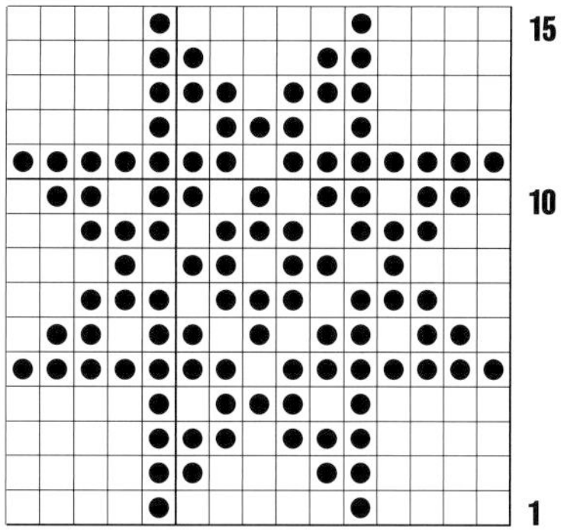

样品黑白图谱

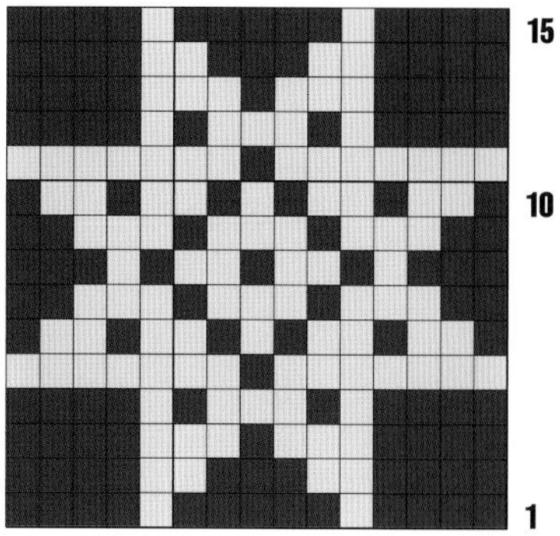

样品彩色图谱

154

15 行
15 针

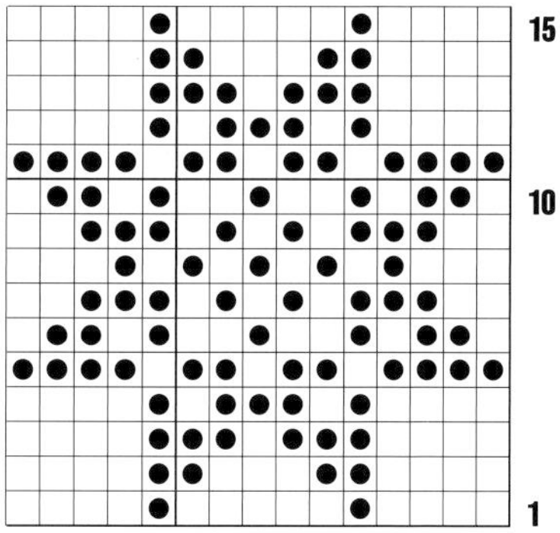

样品黑白图谱

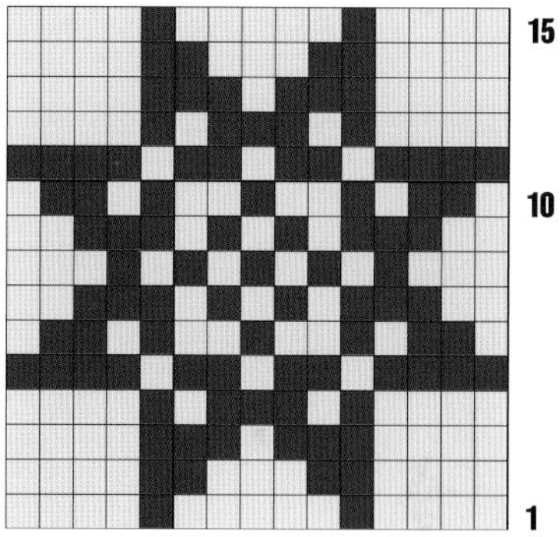

样品彩色图谱

155

15 行
15 针

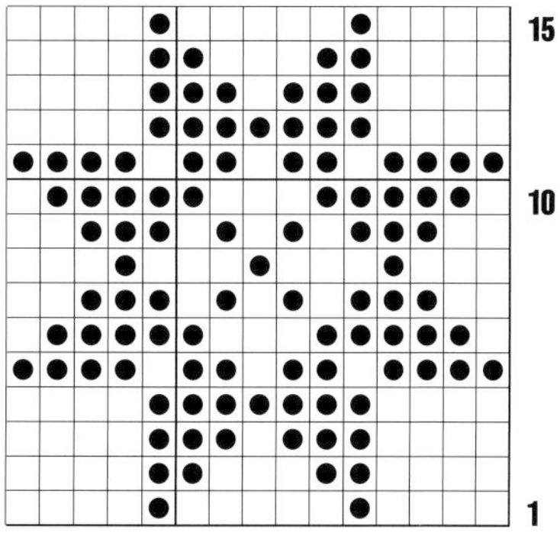

样品黑白图谱

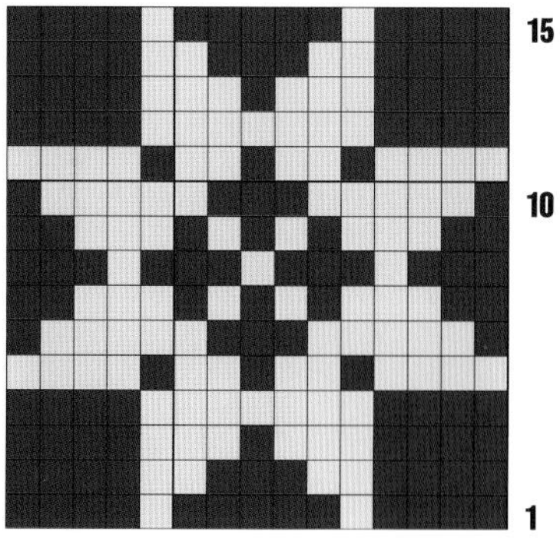

样品彩色图谱

156

19 行
19 针

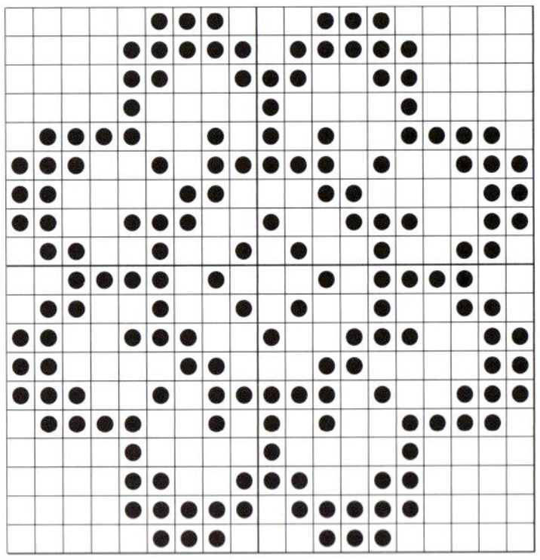

样品黑白图谱

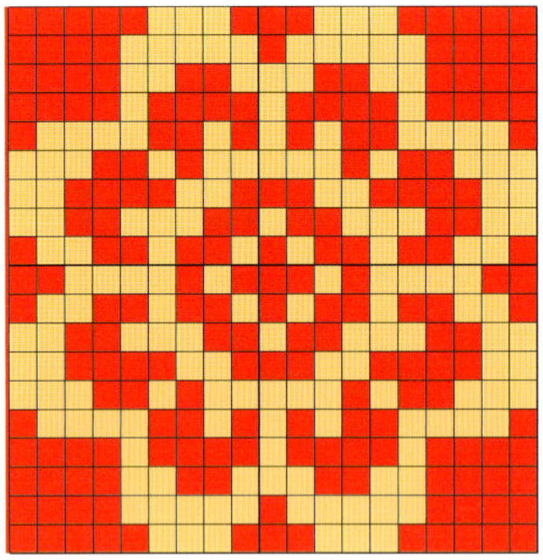

样品彩色图谱

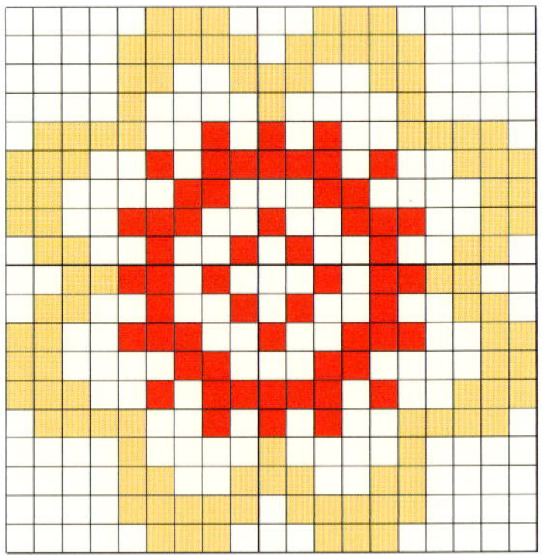

颜色变换图谱

157

9 行
9 针

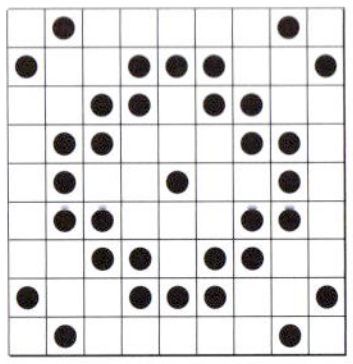

样品黑白图谱

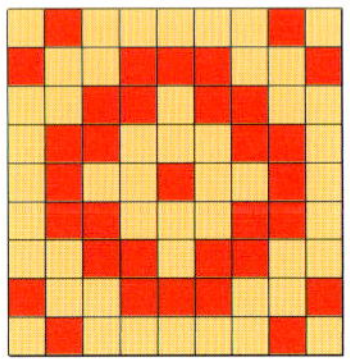

样品彩色图谱

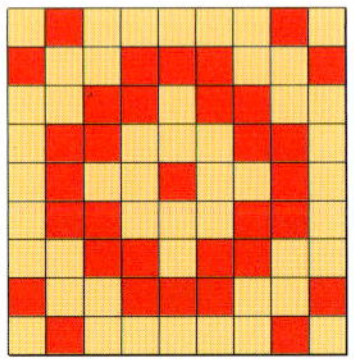

颜色变换图谱

158

9 行
9 针

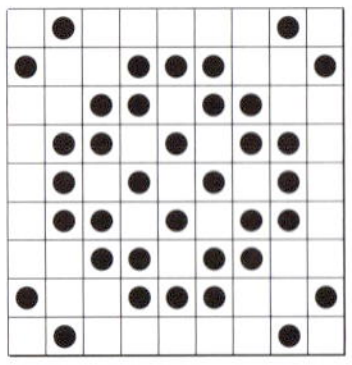

样品黑白图谱

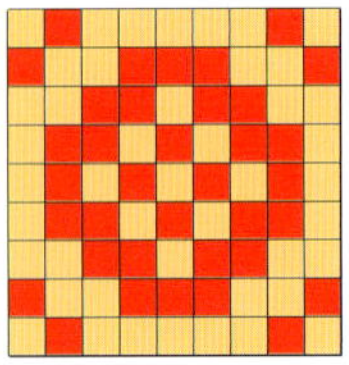

样品彩色图谱

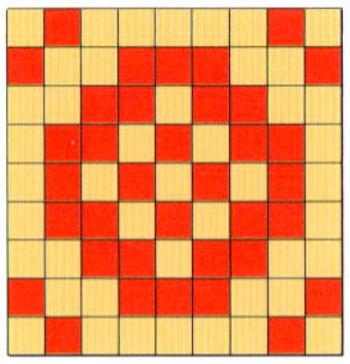

颜色变换图谱

159

9 行
9 针

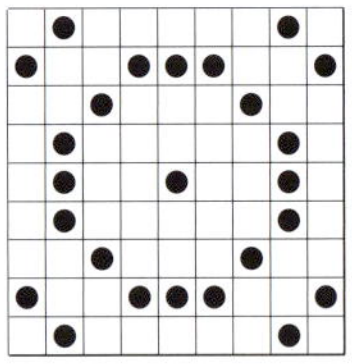

样品黑白图谱

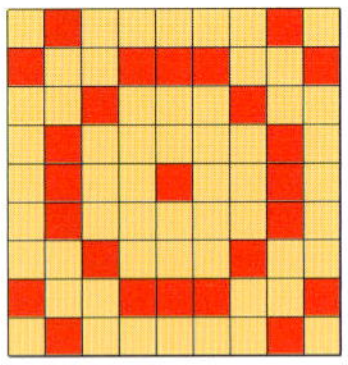

样品彩色图谱

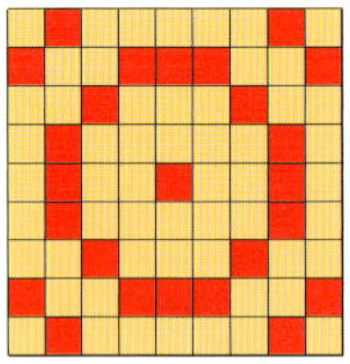

颜色变换图谱

160

5 行
5 针

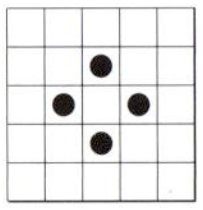

样品黑白图谱

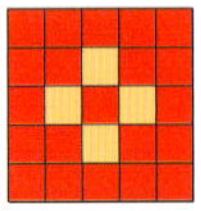

样品彩色图谱

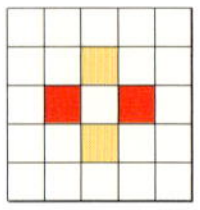

颜色变换图谱

中心图案选择

这四个花样中，花朵的外部都是一样的。不过中心部分都不一样。使用图谱156中的外层花瓣，再选择自己喜欢的中心图案即可。

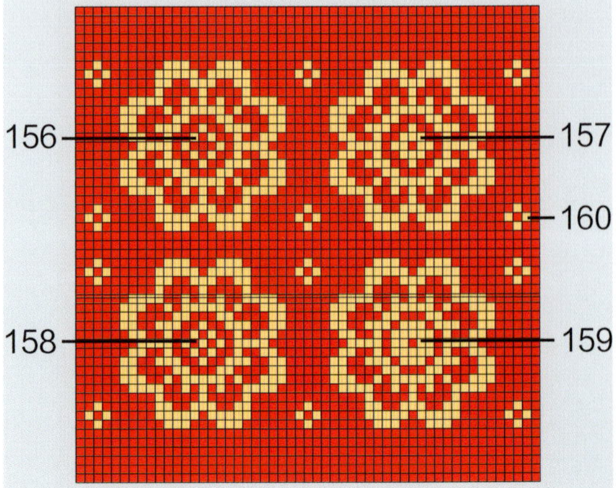

161

10 行
30 针

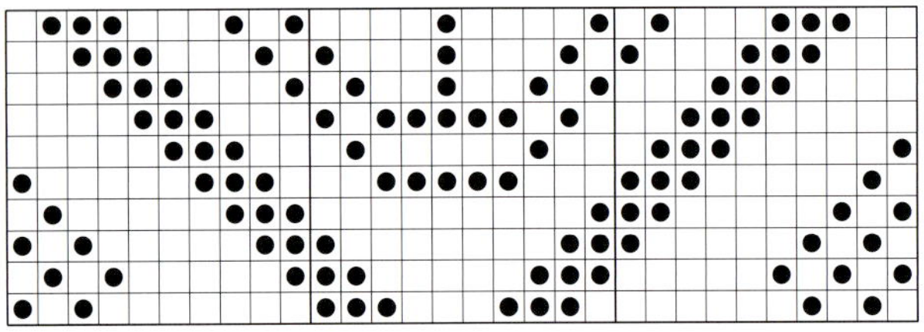

样品黑白图谱

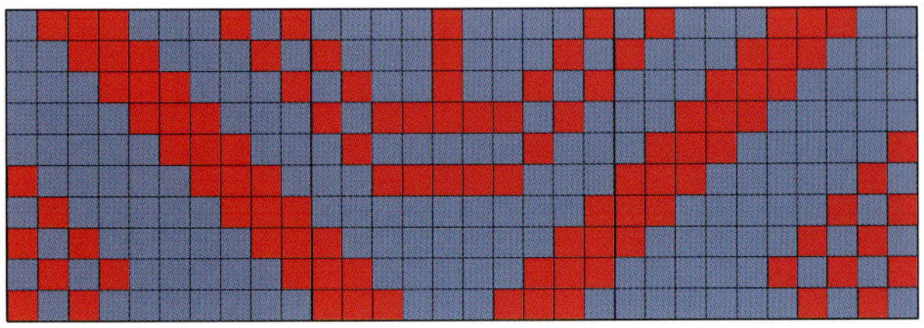

样品彩色图谱

162

13 行
30 针

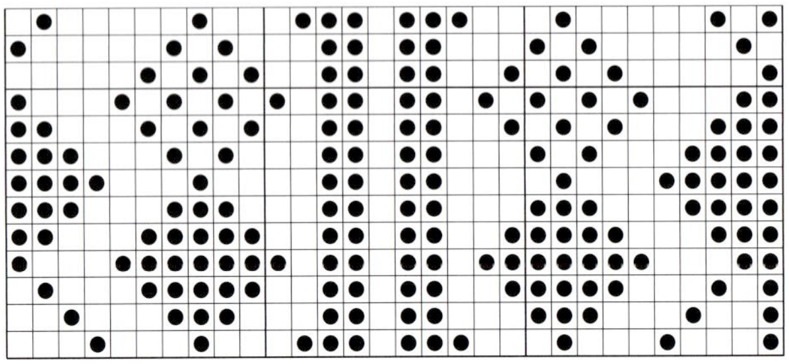

样品黑白图谱

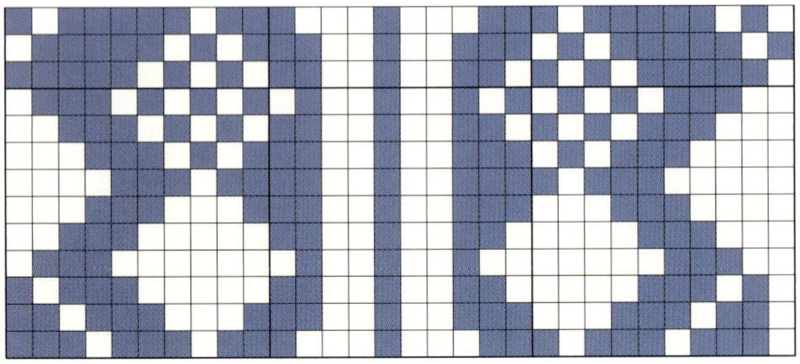

样品彩色图谱

满花重复花样
161 + 162

163

24行
24针

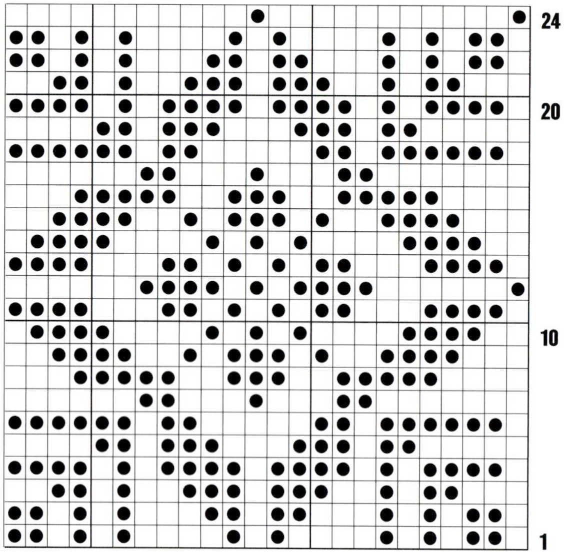

样品黑白图谱

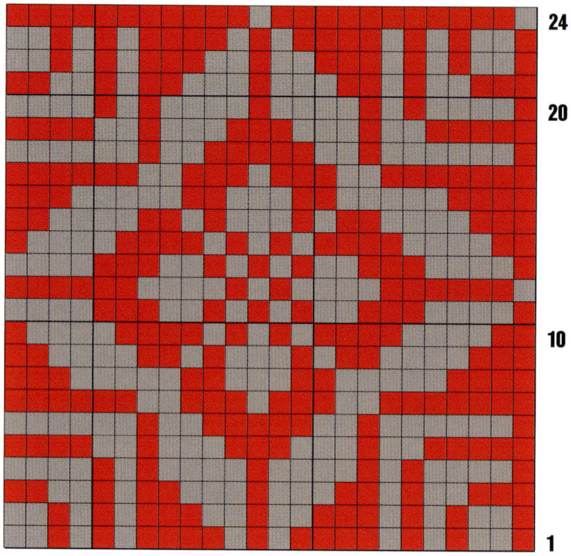

样品彩色图谱

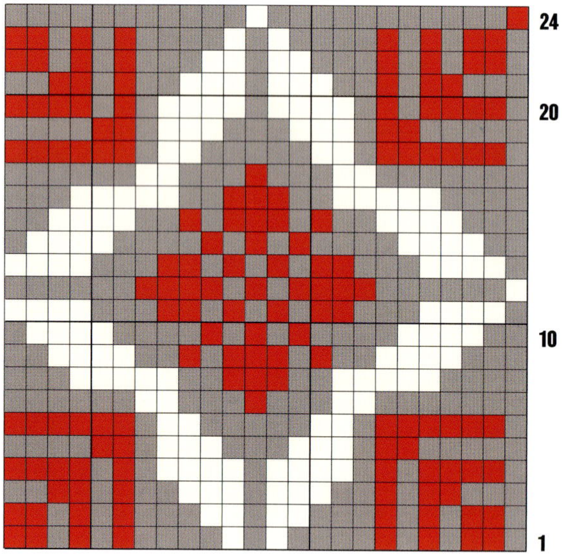

颜色变换图谱

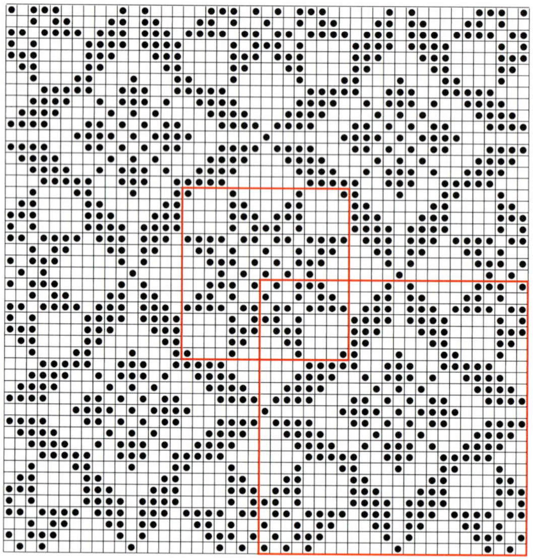

花样搭配 154 + 163

164

18行
18针

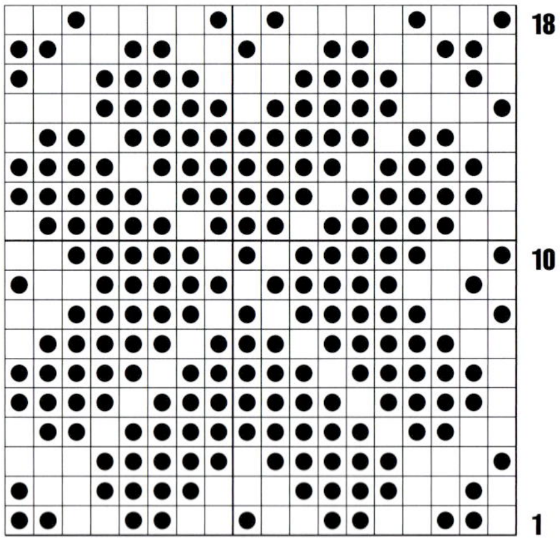

样品黑白图谱

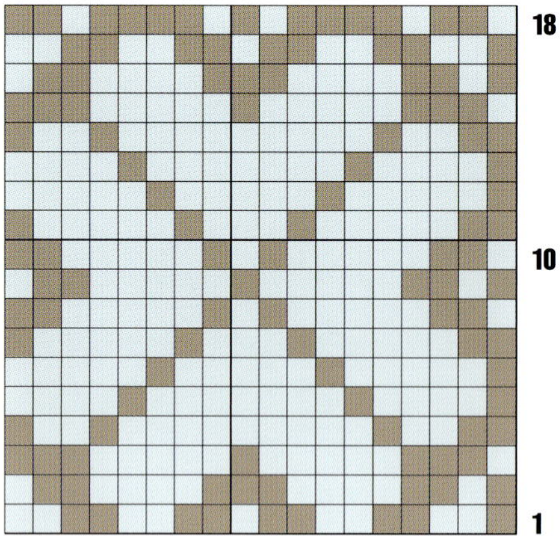

样品彩色图谱

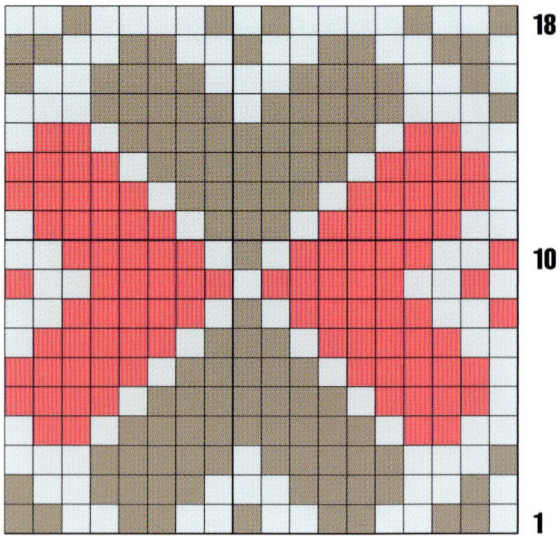

颜色变换图谱

花样搭配 164 + 36 + 73 + 79

165

34行
34针

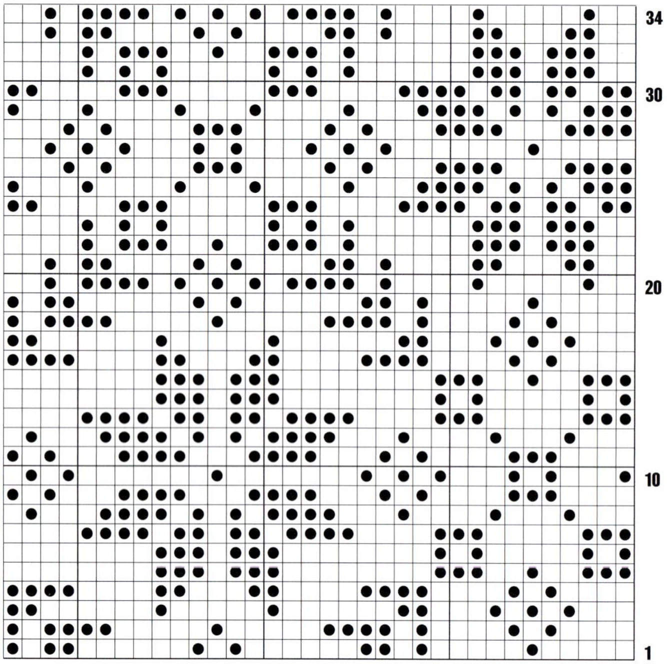

样品黑白图谱

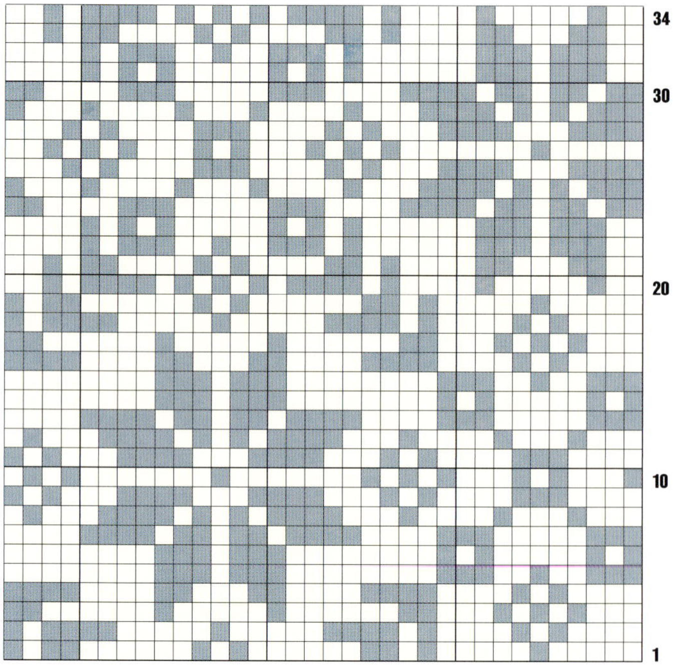

样品彩色图谱

颜色变换图谱

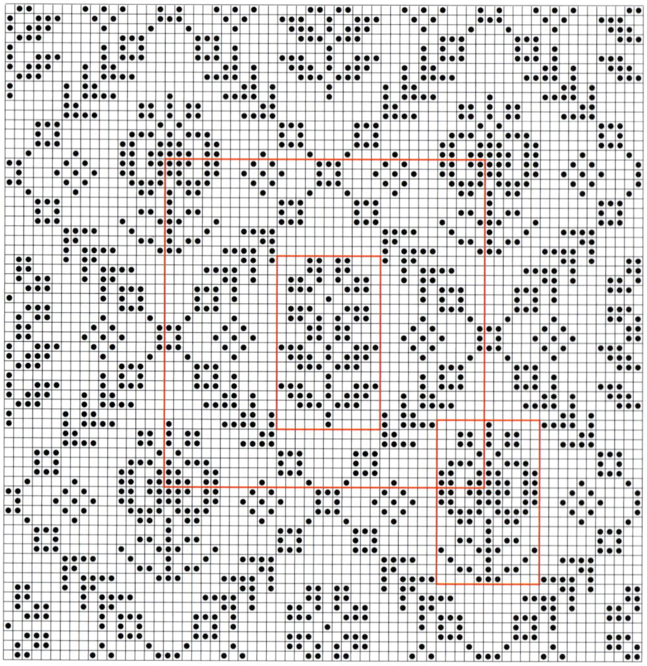

花样搭配 165 + 41 + 64

166

26行
42针

167

9行
19针

168

7行
6针

样品黑白图谱

作品

本书中的花样可以以无数种方式组合、使用。

这部分精心挑选了设计新颖的作品，都有详细的制作说明，以启发读者产生灵感，把这些花样用于自己的编织作品中。

花朵针插

编织这个针插时，手劲要紧，密度与编织传统服装相似。这里使用了花样159（136页）以及一些特意安排的“芝麻点”，确保渡线不会太长。

针插两面的颜色分别是各自的反色。对于练习颜色组合、选择背景色和花样色来说，都是好机会。

用颜色A毛线起46针。把23针放在1根针上，把余下的针脚平均分配到其他2根针上，针和针之间连接好，不要扭转，以开始环形编织。根据图谱编织接下来的27圈。

收尾 把最后的23针归到1根针上。把作品里外翻面。用颜色A毛线，用3根双头针收针法收针。把正面翻出来，把所有松散的线头都拉到内部。用水或者蒸汽打湿后，定型，使其平整。干透以后，用羊毛粗纱填塞结实。毛线缝针穿上颜色A毛线，用一体缝针法把起针圈缝起来。如果需要的话，用钝头缝针或者双头针戳进织物，捣匀粗纱，让针插鼓胀起来。

所需材料

编织用线

100% 挪威羊毛（劳玛牌，3股斯帝根线），每团50g=164m

- 颜色A毛线一团，蓝色（33/66水鸭青色）
- 颜色B毛线一团，灰色（103灰色）

编织用针

- 一副3号（3.25mm）双头针

辅助工具和材料

- 毛线缝针
- 羊毛粗纱

密度

彩色图案，23针或27圈 = 10cm

完成尺寸

边长10cm的正方形

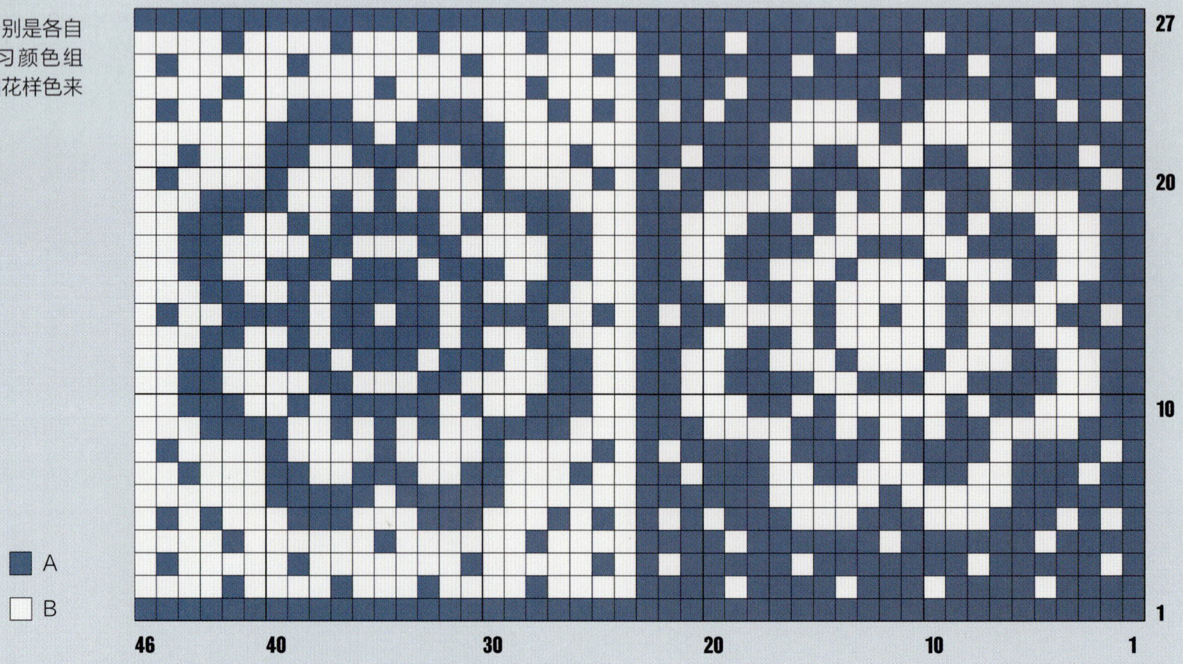

传统连指手套

这款可爱的连指手套让人联想起瑞士东南海岸边上的哥特兰岛传统连指手套。特点是小而易记、使用3种颜色的几何图案（52页中花样10的变形图案）。每隔4行才会使用所有3种颜色，很适合作为超过2种颜色编织的首次尝试。也可以用遮盖针把第3种颜色绣上去。

所需材料

编织用线

100%挪威毛（德尔牌，埃罗线），每团50g =100m

・颜色A毛线一团, 红色（4018红）

・颜色B毛线一团, 白色（0020自然色）

・颜色C毛线一团, 灰色（0083炭灰）

编织用针

・一副4号（3.5mm）双头针

・一副5号（3.75mm）双头针

辅助工具和材料

・毛线缝针

・2个针脚固定器

密度

较大的针号织的彩色图案

25针或27圈 = 10cm

完成尺寸

掌围23.5cm，长度23.5cm

织2只。

使用颜色A毛线和较小号的针起48针。把24针放在1根针上，把余下的针脚平均分到其他2根针上，把3根针连接起来，不要扭转。

以1针下针，1针上针的罗纹针编织5cm。

加针圈：*罗纹针织5针，加1针；从*处再重复8次；1针上针，1针下针，1针上针，加1针，结束。——一共58针。

换较大号的双头针。把图谱A中第1~8圈织2次。

留出右手手套拇指部位：

下一圈：1针下针，把接下来的8针用针脚固定器固定住，使用在线圈后面编织的方法在右手针上松松地起8针，然后织到圈末。

另一只留出左手手套拇指部位：

下一圈：20针下针，把接下来的8针用针脚固定器固定住，使用在线圈后面编织的方法在右手针上松松地起8针，然后织到圈末。

接着织手掌部分：

编织图谱A中第2~8圈。再把图谱A编织1次。

手套顶部：

编织图谱B，最后剩下的10针。把这10针平均放在2根双头针上，即每根双头针上各5针。把织物翻面，背面向外，使用颜色A毛线，用3根双头针收针法收针。把正面翻出。

图谱A

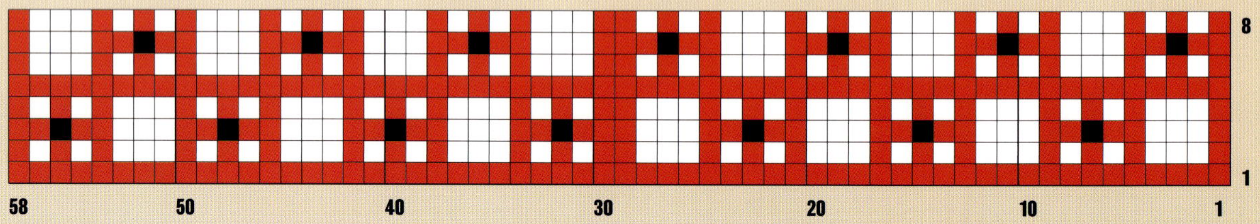

图谱B

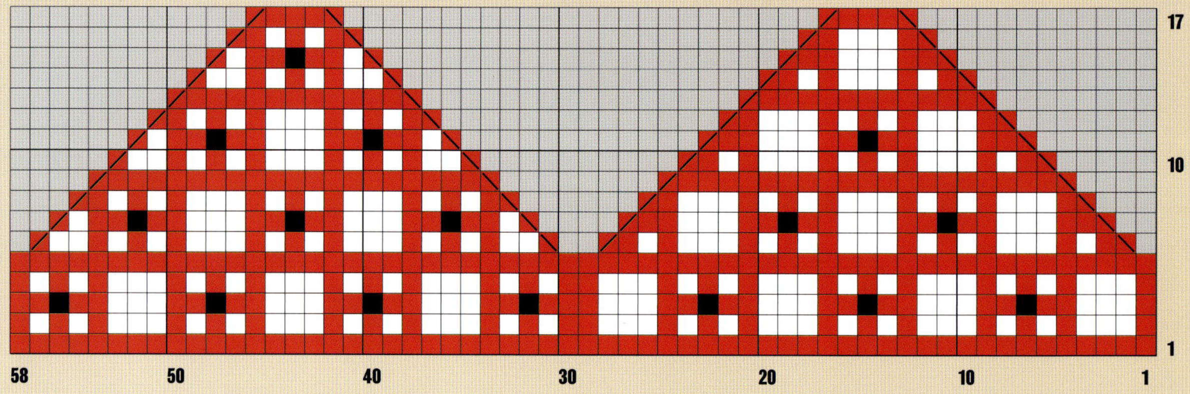

A

B

C

空针

滑针右上2针并1针

左上2针并1针

拇指部分：
把针脚固定器上的8针移到双头针上，使用颜色A毛线，用一根针织过这8针；用另一根针挑起开口角上的1针，以及开口上方的4针；第三根针再从开口上方挑起4针，开口角上挑1针——一共18针。根据拇指图谱编织。剪断毛线。把线头从剩下的6针里穿过，打结。

收尾：
用毛线缝针收尾。要特别注意拇指和手套主体的连接部位。可以根据喜好，选择使用颜色C毛线在拇指上用遮盖针绣上图案，和手套主体相配。
打湿后定型。

左手拇指图谱

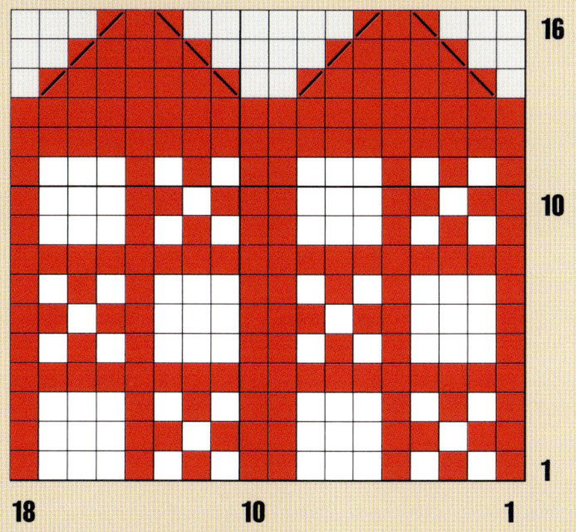

右手拇指图谱

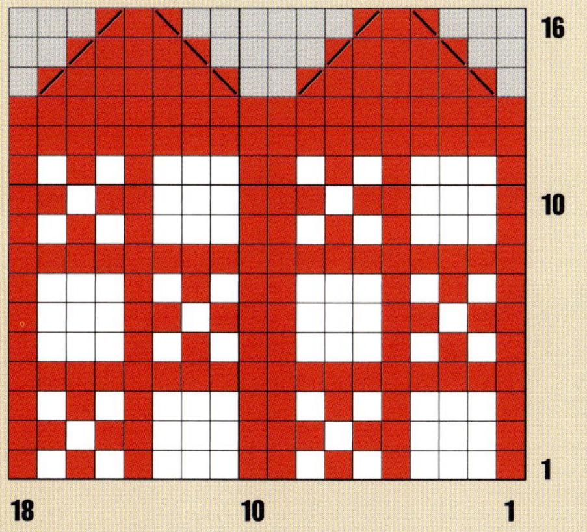

驯鹿帽子

驯鹿（86页的花样67）在这顶复古风格的帽子上绕场游行，雪花（由120页的花样126中的元素构成）从天空洒下。这是一件略有难度，但很适合练习不对称图案编织的作品。唯一需要塑型的地方是在彩色编织结束处。

用较小号的双头针，颜色A毛线，起110针。放置记号圈，连接起来，不要扭转。
织1针下针，1针上针的罗纹针至4cm长。
加针圈：*罗纹针织11针，加1针；从*处再重复9次——一共120针。
换为较大号的双头针。
编织图谱A中的第1~22圈。（把图谱中的15针重复8次）
减针圈：使用颜色B毛线，*13针下针，左上2针并1针；从*处重复至圈末——一共112针。
织图谱B中的第1~11圈。（把图谱中的14针重复8次）

帽顶塑型：
使用颜色B毛线编织。
第1圈：全下针。
第2圈：*5针下针，左上2针并1针；从*处再重复15次——一共96针。
第3~5圈：全下针。
第6圈：*4针下针，左上2针并1针；从*处再重复15 次——一共 80 针。
第7~8圈：全下针。
第9圈：*3针下针，左上2针并1针；从*处再重复15次——一共64针。
第10~11圈：全下针。
第12圈：*2针下针，左上2针并1针；从*处再重复15次——一共48针。
第13圈：全下针。
第14圈：*1针下针，左上2针并1针；从*处再重复15次——一共32针。
第15圈：全下针。
第16圈：*左上2针并1针；从*处再重复15次——一共16针。
第17圈：*左上2针并1针；从*处再重复7次——一共8针。
剪断毛线。把线头穿过最后8针，固定好。

收尾：
用毛线缝针藏线头。如果愿意可以打湿后在气球上定型。使用剩下的毛线制作一个直径约9cm的绒球。固定在帽尖上。

所需材料

编织用线
100%挪威毛（德尔牌，埃罗线），每团50g =100m
- 颜色A毛线一团, 蓝色（07宝蓝）
- 颜色B毛线一团, 白色（01自然白）

编织用针
- 40cm长，3号（3.25mm）环形针
- 40cm长，5号（3.75mm）环形针
- 一副5号（3.75mm）双头针

辅助工具和材料
- 记号圈
- 毛线缝针
- 绒球制作器（按需选择）

密度
用较大的针号织的彩色图案
23针或24圈 = 10cm

完成尺寸
周长52.5cm，高度25.5cm

图谱 A

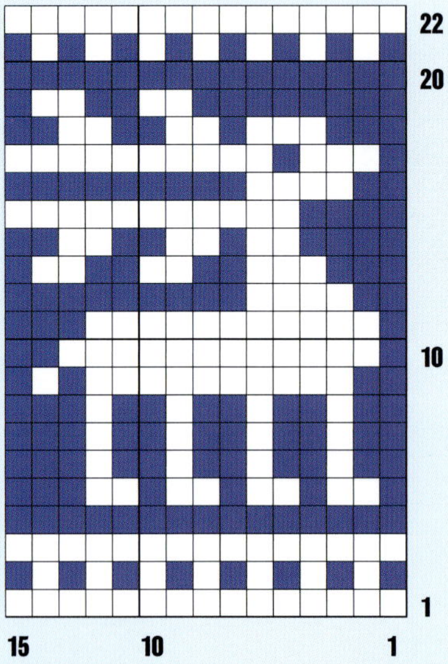

图谱 B

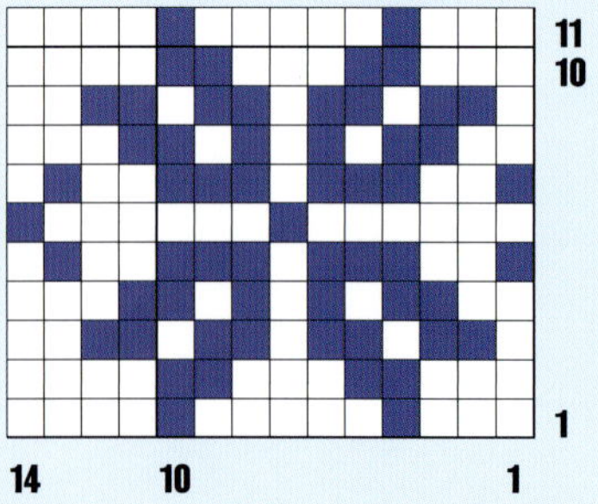

■ A
□ B

几何图案围脖

无需塑型的简单围脖作为探索斯堪的纳维亚彩色编织的初始作品再合适不过了。容易记忆的三角形图案是使用了与花样18（59页）相同的元素，不过排列方式变了。意想不到的颜色变化加大了与原花样的距离。

使用较大号的针，颜色A毛线，起128针。放置记号圈，连接，不要扭转。按如下方法编织边缘的起伏针：

第1圈：全下针。

第2圈：全上针。

重复第1~2圈3次，织成4条起伏针纹路。

全下针编织1圈。

编织图谱中第1~8圈5次。

再编织第1~4圈1次。

换成较小号的针，使用颜色A，按如下方法编织边缘的起伏针：

第1圈：全下针。

第2圈：全上针。

重复第1~2圈3次。按织下针的方式收尾。藏起线头。打湿后定型，让起针边比收尾边略宽。

所需材料

编织用线

精纺毛线（昆斯及合伙人牌，云雀线），每束50g =123m

- 颜色A毛线一束，白色（1101鹭白）
- 颜色B毛线一束，绿色（121葱绿）
- 颜色C毛线一束，蓝色（105冰川蓝）
- 颜色D毛线一束，黄色（125嘉莉黄）

编织用针

- 40cm长，5号（3.75mm）环形针
- 40cm长，7号（4.5mm）环形针

辅助工具和材料

- 记号圈
- 毛线缝针

密度

用较大的针号织的彩色图案

19针或22圈 = 10cm

完成尺寸

周长66.5cm，高24cm

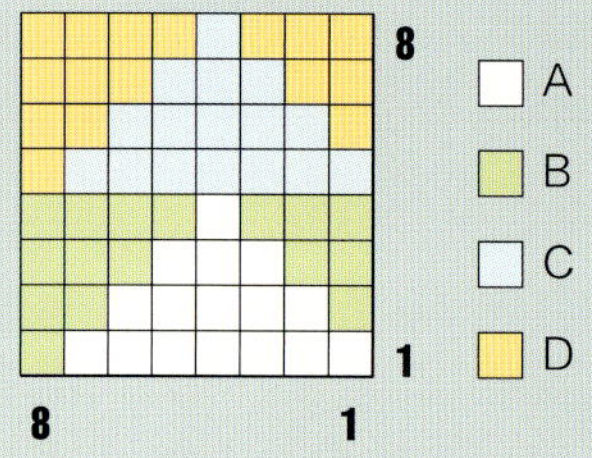